DE

L'EXPLOITATION

DES

SUCRERIES.

PRÉFACE.

L'AGRICULTURE fut regardée dans tous les temps comme le premier ou le plus utile des arts ; on a vu cette profession honorée de toutes les Nations policées. Les Chinois, peuple aussi ancien que recommandable par son savoir et ses bonnes lois, l'honorent particulièrement ; l'Empereur de la Chine descend de son trône pour encourager, par son exemple, ceux de ses sujets attachés à cette profession, et il y remonte ensuite pour récompenser leur activité et leurs talens. Lorsque Henri-le-Grand voulut faire défricher les marais de la France, il appela, pour exécuter cet ouvrage, Humphry, habitant du Brabant, et il ajouta aux récompenses que partagèrent les agriculteurs employés dans cette entreprise, des privilèges pour douze d'entr'eux qui avoient été les plus utiles.

L'Angleterre s'applaudit des succès qu'ont produits, dans cette île florissante, les encouragemens donnés à l'agriculture. Nous avons vu, de nos jours, Joseph II, Empereur d'Allemagne, labourer un arpent de terre en Moravie (le 19 août 1769). Cet encouragement donné à l'agriculture a été transmis à la postérité par un obélisque érigé par les états du pays. *Vie de L'empereur Joseph II par Caraccioli page* 26.

On voit paroître journellement en France des ouvrages instructifs, dans lesquels sont consignées les expériences faites pour l'amélioration de l'agriculture : l'homme instruit, faisant part de ses découvertes à ses concitoyens, les fait participer aux avantages qu'elles lui procurent ; on rectifie aujourd'hui une erreur, demain une autre, et peu à peu, on parvient à retirer du sol le tribut qu'il peut offrir à l'homme laborieux qui le cultive.

Des Académies, des Sociétés d'agriculture, proposent annuellement des problèmes utiles à l'agriculture ; et celui des agriculteurs qui les resout avec plus d'avantage, voit son zèle récompensé, soit par la mention honorable de ses talens, soit par le prix qui lui est décerné.

Malgré tous ces grands exemples de l'encouragement donné à l'agriculture, comment se fait-il qu'en Amérique , où tout ce qui tient à cet art est d'une toute autre importance qu'ailleurs , on soit aussi indifférent sur les moyens à mettre en usage pour le porter au degré de splendeur qu'il a atteint en Europe ? Les expériences multipliées et faites avec soin , sont seules capables d'étendre la sphère des connoissances de nos agriculteurs ; mais s'il s'en fait dans les colonies , elles sont isolées ; chacun travaille pour soi , ce qui nuit extrêmement aux progrès de l'agriculture , à la prospérité de la colonie , et contraste étonnamment avec la générosité et la bienfaisance naturelles aux créoles. Sans chercher la cause d'une telle réserve, je sollicite de mes concitoyens de la faire cesser ; ils sont tous également intéressés à la prospérité de la Guadeloupe , dont les bases reposent sur une culture active et éclairée , aidée d'un commerce étendu et florissant. Sans culture, point de commerce ; sans le commerce , la culture ne dédommageroit point des frais qu'elle coûte : le planteur et le commerçant ont donc un même intérêt à la chose. Si les habitans des campagnes prospèrent , ceux des villes se ressentent de leur bien-être ; mais si les uns ou les autres sont malheureux , ceux de l'un ou de l'autre de ces professions qui se ressentent les premiers d'une mauvaise fortune , attirent peu à peu un semblable sort sur les autres. Les ouvriers , les personnes de tout état subissent la même condition ; tous les citoyens d'un empire , d'une province , et sur-tout d'une colonie , sont donc intéressés aux progrès de son agriculture et de son commerce.

Quoique bien éloigné de prétendre à la célébrité que je voudrois voir acquérir à nos agriculteurs , je me flatte cependant qu'on me saura gré de mes efforts.

Héritier d'un mauvais sol , d'un atelier indiscipliné , d'une habitation immense , mais très-peu fertile , dont le sucre , son seul produit , étoit d'une mauvaise qualité ; on peut croire que ce n'est qu'à force de travaux que j'ai pu parvenir à la rendre une des plus productives de la colonie. Les essais que j'ai faits , d'abord en petit , ensuite en grand , m'ont amené à un plan de culture invariable , ce qui simplifie mes travaux en assurant leur succès ; l'étude suivie que j'ai faite de l'esprit et du caractère des nègres , m'a mis à même de saisir la marche qu'il falloit suivre pour en retirer un service profitable et l'obtenir sans fouler les esclaves, quoique leur faisant observer une discipline sévère pour tout ce qui est relatif au bon ordre.

Les soins que je me suis donné pour perfectionner la fabrication du sucre, m'ont convaincu que la pratique seule n'étoit pas assez puissante pour combattre les phénomènes qui déroutent le raffineur, et que sans théorie on ne pouvoit point pratiquer surement cet art précieux. J'ai cherché des moyens, vaincu des difficultés, je suis parvenu enfin à me faire une théorie raisonnée, sur laquelle j'ai établi ma pratique : la qualité de mon sucre, comparée à celle qu'on obtenoit sur mon habitation avant ma nouvelle méthode, a confirmé son efficacité, ce qui m'a encouragé à la faire connoître, en attendant qu'un guide plus éclairé vienne nous tracer une route plus sûre. Un chymiste, aussi recommandable par ses lumières que par la persévérance de ses travaux, s'occupe dans ce moment d'approfondir ses connoissances sur le vézou, afin d'établir avec précision quelles sont ses parties constituantes ; cette base une fois bien connue, il sera facile à ce citoyen utile de développer un système qui servira de guide à tous les raffineurs.

J'ai tâché d'embrasser, dans cet ouvrage, tout ce qui est relatif à l'exploitation des sucreries. Je ne conseille rien que l'expérience ne m'ait appris devoir être utile ; l'ambition de me faire auteur n'a point dirigé mon intention en prenant la plume ; mais j'avoue qu'ayant été très-embarrassé lorsqu'il m'a fallu échanger les plaisirs du grand monde, avec les soins multipliés qui doivent occuper le planteur, j'ai cherché un bon guide et n'en ai rencontré que de peu instruits, qui m'ont souvent égaré dans la carrière que je brûlois de parcourir avec succès. Quand j'ai été rompu dans tous les détails de notre exploitation, je me suis rappelé mon embarras lorsque je m'étois fait planteur ; et pénétré de l'utilité dont un ouvrage tel que celui que j'entreprends, pouvoit être aux jeunes créoles, aux européens qui arrivent pour s'occuper de la culture dans les colonies, j'ai eu l'orgueil de leur offrir les secours qui m'ont manqué.

Après moi, sans doute, d'autres planteurs écriront sur le même sujet; si c'est pour me critiquer, je me resigne d'avance à leur censure; je connois mon désir pour être utile et mon peu de prétention; je ne me donne point pour écrivain, mais pour cultivateur laborieux, et colon digne de l'être par l'amour que je porte à mes concitoyens.

J'abandonne donc d'avance mon brevet d'auteur à quiconque voudra me le disputer, et je demande grace en faveur du motif qui m'anime.

Afin de rendre cet ouvrage moins diffus, j'ai cru devoir le diviser en chapitres : le premier traitera des connoissances nécessaires au planteur et e son genre de vie; le second traitera des nègres, de leur caractère et e la manière de les conduire; le troisième aura pour objet la culture et tout ce qui peut contribuer à la perfectionner; le quatrième aura pour objet la fabrication du sucre; le dernier traitera des rumeries.

DE
L'EXPLOITATION
DES SUCRERIES,

OU Conseils d'un vieux Planteur aux jeunes Agriculteurs des Colonies.

CHAPITRE PREMIER.

Connoissances nécessaires et genre de vie convenable au Planteur laborieux.

Avant d'embrasser un état quelconque, il faut tâcher d'acquérir les connoissances nécessaires pour se promettre des succés dans la carrière qu'on veut parcourir. Tel planteur qui ne réussit pas, est tout étonné de voir prospérer les travaux de son voisin ; il attribue ses revers à la mauvaise qualité de son sol, au mauvais esprit de son atelier, et cependant tout a été en mesure commune sur les deux habitations. Si le sol s'est détérioré, c'est qu'on l'a mal cultivé ; si les esclaves sont diminués, on ne peut en accuser que les travaux forcés auxquels une culture trop étendue les a assujétis ; s'ils sont délabrés, c'est une suite du peu de secours donné aux esclaves foibles, aux familles nombreuses, ou

A

peut-être au peu de soin qu'on a donné aux jardins de l'atelier, qu'il faut inspecter sans cesse ; si un atelier est indiscipliné, tandis que l'autre se conduit bien, c'est que le premier n'a pas été contenu, et qu'une discipline exacte et juste a été observée par l'autre. Un planteur humain, mais ferme ; un homme laborieux, ayant une bonne judiciaire, en état de conduire des ouvriers en tous genres, d'ordonner, avec autant de prévoyance que de sagacité, ses ouvrages de culture ; celui qui conduira son atelier de manière à lui faire exécuter gaiement tous les travaux qu'il en exigera, en le maintenant dans l'ordre par sa justice, et en se l'attachant par ses bienfaits ; le planteur en état de diriger sa sucrerie, sa rumerie, qui aura appris assez de mathématique pour niveler un terrein, l'arpenter, diriger un canal ; qui, dans un cas pressé, pourra suppléer à son chirurgien et le seconder dans les temps ordinaires ; celui qui, à toutes ces connoissances, joindra l'art de calculer tous les besoins de sa manufacture et les moyens dont il peut disposer pour se les procurer à propos d'une bonne qualité et au meilleur marché possible, en tirant le parti le plus avantageux de ses denrées ; un tel homme, qui méritera la confiance de ses concitoyens et celle du commerce de la métropole, par son activité, son économie, et l'exactitude la plus scrupuleuse à remplir ses engagemens, doit se flatter de réussir dans quelle position qu'il se trouve, pourvu qu'il ait de la terre et des nègres. On pourra m'objecter qu'un tel planteur n'est pas plus à l'abri des fléaux qui désolent les colonies que les autres : mais en convenant de cette vérité, je répondrai que par sa prévoyance il souffrira moins d'un ouragan, d'une disette, d'une épidémie, d'une épizootie ; que par le traitement qu'il fera à ses esclaves, il doit se les attacher, comme s'en faire redouter par la justice et sa vigilance, ce qui en imposera aux mauvais sujets qui se font un jeu de la destruction de leurs semblables ; et qu'enfin, victime comme tant d'autres, et en même mesure de ces fléaux destructeurs, il trouvera, par son crédit, des ressources qui répareront ses pertes avant que bien d'autres n'aient vu cesser les leurs.

Tout planteur qui aura à cœur la prospérité de son habitation, doit en suivre les travaux avec la plus grande application : je n'entends point par-là qu'il s'astreigne à rester constamment derrière ses esclaves ; je suis au contraire très-éloigné d'une pareille pratique. Un planteur doit visiter fréquemment ses divers ateliers, soit de houe, soit d'ouvriers, et toujours à des heures et par des chemins différens : avant de se montrer, il doit observer ce qui se passe dans l'atelier, qui, ne se doutant pas de son approche, lui fera remarquer l'activité ou la négligence des sous-ordres par la manière dont il s'occupe : paroissant ensuite, il se conduit vis-à-vis ces mêmes sous-ordres d'après ce qu'il aura observé de leur conduite. Il inspectera ensuite l'ouvrage ; car ce n'est pas assez qu'il soit exécuté promptement, il faut encore, et principalement, qu'il soit bien fait : dans ces deux cas, les seuls sous-ordres sont responsables de l'emploi du temps ; ils doivent se faire obéir, et si l'ouvrage n'est pas assez avancé, ou qu'il soit mal soigné, eux seuls en sont repréhensibles. Cette méthode est plus juste, plus profitable, et plus d'accord avec l'humanité, que celle qu'emploient quelques planteurs qui, en pareil cas, font donner du fouet à tout leur atelier. Il doit moins répugner d'avoir à châtier deux commandeurs que cent autres nègres ; et cette correction est plus profitable au planteur, puisqu'elle porte sur les leviers qui font mouvoir l'atelier.

On doit juger facilement que pour vérifier ces sortes de choses d'un coup-d'œil rapide, il faut que le planteur connoisse parfaitement sa besogne ; sans ce préalable, il seroit placé entre la crainte d'être dupe ou injuste, et il faut éviter l'une et l'autre de ces conditions. Le moyen le plus propre pour y réussir, est l'art de n'employer que de bons commandeurs. Le planteur doit les former lui-même, les choisir jeunes, intelligens, actifs, dociles, isolés dans l'atelier, et susceptibles d'émulation. Le planteur doit s'attacher ses commandeurs par les récompenses qu'il leur donne de temps en temps, quand il en est content, et les contenir par ses remontrances et ses corrections toutes les fois qu'ils s'écartent de leur devoir. Tous les sous-ordres d'une habitation, et principalement ceux-ci, en sont l'ame, et les bons ou mauvais succès du planteur dépendent toujours deux ; on doit donc s'attacher à leur donner un bon esprit ; et ne rien négliger pour les rendre aussi parfaits qu'il est possible, chacun dans leur partie.

Chaque habitation doit être munie des ouvriers nécessaires à ses manufactures ; sans cette précaution, il en coûte des sommes pour les moindres réparations, aussi les néglige-t-on quand elles commencent à devenir nécessaires ; elles s'accumulent et deviennent enfin si conséquentes , qu'on est forcé de s'en occuper et de faire une dépense triple de ce qu'elle eût été dans le principe. On évite ces inconvéniens lorsqu'on a dans son atelier des ouvriers intelligens ; mais bien peu le sont au point desiré , et cela provient fréquemment d'une économie mal entendue , qui empêche le planteur de se passer de l'ouvrage d'un sujet un certain temps, ou de sacrifier une somme raisonnable pour le mettre en apprentissage sous un bon maître ; aussi n'avez-vous sur presque toutes les habitations que des esclaves qui ont le nom de maçon, charpentier , etc. sans en avoir les talens ; ce sont autant de bras enlevés à la culture en pure perte ; car , à la moindre réparation conséquente, il faut appeler un ouvrier plus habile pour les diriger ; mais le planteur assez instruit pour le faire lui-même évite cette dépense.

Le planteur ne sauroit trop étudier la qualité de son sol ; chaque veine de terre, chaque position ou exposition , exigent des travaux différens : cette diversité est encore étendue par des circonstances différentes ; ce n'est que par des expériences répétées qu'on peut s'assurer de la méthode la plus avantageuse pour exploiter son sol : la fabrication du sucre , si intéressante pour le planteur, offre des phénomènes si variés, qu'elle exige les soins les plus assidus ; il faut être bon observateur pour être bon raffineur. Une fois que le planteur a acquis les lumières qu'exige cette manipulation , il doit faire choix de quelques jennes esclaves intelligens et les moins voleûrs possibles, qu'il formera d'après ses principes, et qu'il ne laissera jamais maîtriser par la routine, guide des raffineurs ordinaires et l'ennemie de tout savoir.

La rumerie a aussi ses règles. Il en est de générales qu'on suit ou qu'on modifie d'après les données qui servent de base à cette manipulation, et qui sont sujettes à varier selon que la mélasse est plus ou moins sucrée, plus ou moins acide; que l'air est plus chaud ou plus frais: l'essentiel est d'avoir à la tête de cette manufacture un homme aussi honnête qu'actif. Le planteur doit non-seulement calculer les travaux de son habitation, ainsi qu'il sera expliqué, mais encore tous les moyens d'amélioration qu'il peut mettre en usage pour procurer une plus grande valeur à son domaine et augmenter ses récoltes, jusqu'à ce qu'elles aient atteint le dégré qu'il peut désirer. J'ai connu des planteurs qui, pour éviter une dépense modique, ont essuyé de grandes pertes; cette faute est d'autant plus préjudiciable lorsqu'elle porte sur des objets de remplacemens et sur-tout en esclaves ou bestiaux, car on en perd une partie qu'on ne peut pas remplacer faute de moyens: cet embarras porte cependant le planteur à vouloir faire le même revenu qu'auparavant; pour y parvenir, il force tout; il pourra y réussir une année, mais ensuite, esclaves et bestiaux dépérissent chaque jour, et deux ou trois ans après cette fausse spéculation, les récoltes diminuent chaque année, ainsi que les leviers qui font aller la machine. Il faut donc remplacer sur le champ ce qu'on perd en esclaves ou bestiaux, (pour peu que vos réserves et votre crédit vous le permettent); mais si on est dans l'impossibilité de faire les achats nécessaires pour ces remplacemens, il ne faut point hésiter à diminuer sa culture en raison de ses pertes, et on la rétablira sur l'ancien pied, à mesure qu'on aura la faculté de se remonter. Le planteur doit bien se persuader que sa première étude est le soin de tout ce qu'il possède, et son plus grand art, la conservation de ces mêmes objets. Deux esclaves que vous achetez, débarquant de Guinée, n'en valent pas un fait à l'habitation ; et sur trois bœufs ou mulets que vous achetez, vous en perdez un avant que les autres n'aient travaillé.

Chaque planteur prévoyant doit avoir chez lui deux rechanges de toutes les choses utiles à ses manufactures ; cette précaution est sur-tout impérieuse pour les rouleaux, emboitures, pioches, pivots, tambours et chaudières ; il est indispensable d'avoir un grand et un petit rôle montés ; de cette manière une de ces pièces essentielles venant à manquer, le moulin est réparé demi-heure après ; mais lorsqu'on éprouve ces accidens sans les avoir prévus, il faut plusieurs jours pour les réparer ; on perd les cannes coupées, et on est dérangé dans ses travaux d'une manière si cruelle quelquefois, que le plus galant homme peut être exposé par-là, à manquer à un engagement d'honneur ; d'ailleurs, en se munissant d'avance de ces différens objets, on les choisit mieux, et on peut les obtenir à meilleur compte en les demandant en Europe.

Quand les vivres sont à bon marché, le planteur doit en faire bonne provision, en donnant la préférence aux meilleures qualités, sans avoir égard à la différence des prix qui se trouvent balancés, par le choix du moment, pour faire les achats ; c'est le seul moyen de procurer à ses esclaves (au meilleur marché possible) une nourriture saine et assurée : il faut renouveler ces achats avant que le besoin y force, afin de profiter d'un moment favorable.

Après avoir parcouru les différentes connoissances nécessaires au planteur et une partie des soins qui doivent l'occuper, je vais tracer le genre de vie que je crois lui mieux convenir. Je préviens ceux qui me liront, que je n'ai point ici en vue ceux d'entr'eux qui, ayant fait leur fortune, ne cherchent plus que les moyens d'en jouir agréablement ; mais je m'adresse aux planteurs qui commencent leur carrière agricole, à ceux dont les affaires exigent tout leur temps et qui ont à cœur de remplir leurs engagemens pour se reposer à leur tour et assurer un bien-être à leur famille; mes préceptes sont donc pour ceux-ci; quant aux autres , s'ils dédaignent un genre de vie que j'ai suivi pendant quinze ans , qu'ils le conseillent à leurs économes, car de tels planteurs ont besoin de se faire remplacer.

Le planteur doit se lever de grand matin et souvent avant ses esclaves , qu'il devancera au jardin , afin d'observer s'ils s'y rendent ensemble ou non. L'atelier rangé sous la houe, il doit en faire l'appel de temps en temps , n'étant pas possible , sans cette précaution, d'appercevoir que deux ou trois esclaves manquent dans un atelier nombreux (1). Sur toutes les habitations, et presque tous les jours , on verroit régner cet abus si les planteurs ne l'empêchoient par une telle précaution; il est d'autres esclaves qui arrivent tard au travail, il faut écouter les raisons qu'ils allèguent pour justifier ce retard, les recevoir lorsqu'elles sont bonnes , et châtier les esclaves qui n'en donnent pas de valables.

Le planteur verra travailler son atelier jusqu'à l'heure du déjeûner; il fera exécuter le travail selon qu'il le jugera convenable, et recommandera, en partant, aux sous-ordres d'observer les mêmes règles pendant son absence. Le planteur doit s'assurer de l'ouvrage que son atelier a fait pendant l'heure, la demie ou le quart-d'heure qu'il l'aura inspecté, afin d'apprécier s'il s'est occupé des travaux avec l'activité nécessaire durant son absence , ce qu'il vérifiera à sa prochaine inspection ; mais pour juger d'après cette donnée, il faut éviter de chercher à redoubler l'activité de son atelier quand on l'inspecte ; car, outre qu'il est indubitable que les esclaves ne pourroient tenir à un travail qui

---

(1) Il est un moyen de simplifier cet appel ; le planteur a la liste de ses nègres de houe; il sait avant de sortir de chez lui qu'il en a tant de malades , tant de détournés , et conséquemment qu'il ne doit en avoir que tel nombre au jardin ; il compte alors simplement ses esclaves ; si leur nombre est juste, son opération est finie ; ce n'est que dans le cas contraire qu'il fait usage de sa liste pour l'appel nominal.

deviendroit forcé, le planteur qui raisonne ne peut que conclure que son atelier se néglige durant son absence, s'il en exige une augmentation d'activité quand il est présent, ce qui ne doit rien changer aux mouvemens des esclaves, les sous-ordres devant les accoutumer à un travail uniforme, et étant repréhensibles toutes les fois que cet ordre n'existe pas. En quittant son atelier, le planteur visitera sa rumerie, sa purgerie, ses ouvriers et finira sa tournée par l'hôpital, où il doit trouver le chirurgien qui lui rend compte de l'état des malades et des remèdes ordonnés pour la journée, le tout consigné dans un registre restant dans l'hôpital où sont enregistrés chaque jour les esclaves qui entrent et qui sortent, et le total de ceux qui sont à l'hôpital, ainsi que le genre de leur maladie.

Après son déjeûner, le planteur montera à cheval pour aller visiter son petit atelier; il passera ensuite au grand pour vérifier si l'ouvrage a été soigné, s'il est suffisamment avancé depuis son absence, et si le même nombre d'esclaves qu'il a laissé sous la houe le matin, s'y retrouve alors : un instant suffit pour ces observations; dès qu'elles seront achevées, le planteur fera le tour de ses plantations, ce qu'il ne doit pas négliger un seul jour; car dans vingt-quatre heures, une pièce de grandes cannes où s'adonnent les rats peut être dévastée; de même les pucerons, les fourmis, les roulleux, les chenilles peuvent infester des cannes de tout âge : en travaillant à remédier à ces accidens (*voyez l'article* 3 *du chapitre troisième*), on les fait cesser, ou du moins on les modifie; mais si le mal s'est étendu, qu'on ne s'apperçoive de l'accident que plusieurs jours après qu'il existe, il n'y a plus de remède : également dans un champ de belles cannes, un canton de terre plus maigre que les autres offre une végétation tardive et foible; en y portant quelques secours elle se ranime; mais si on attend trop tard, la canne dépérit si fort qu'il n'est plus possible de la ranimer. En revenant chez lui, le planteur doit visiter ses bâtimens, inspecter les travaux qu'on y exécute, voir ses ouvriers, son hôpital, et

rentrer

(9)

rentrer chez lui pour se reposer et mettre ses écritures à jour.
En s'occupant journellement de ce travail essentiel, il n'est point
à charge à l'homme le moins actif; mais si on laisse accumuler
les écritures, on les oublie, et à la fin de l'an, quand il faut
régler ses comptes et compter avec soi-même, on est fort embarrassé; on ne sait ni ce qu'on a dépensé, ni le revenu qu'on a
fait; on ignore également ce qu'on doit ou ce qu'on a à répéter
sur ceux avec lesquels on a fait des affaires; enfin, on peut être
exposé à payer plusieurs fois une même somme, faute de pouvoir
justifier qu'elle l'a été la première. Quelqu'état qu'ait un homme,
il lui faut de l'ordre dans ses affaires pour qu'elles prospèrent;
et si cette maxime est vraie en général, elle est impérieuse pour
un planteur, vu les détails immenses qu'entraîne la gestion d'une
habitation.

Quand les esclaves sortent l'après-midi, le planteur doit se
présenter de temps en temps sur leur passage, tant pour voir
distribuer les herbes au bétail, que pour s'assurer que les esclaves
se rendent au travail ensemble, n'étant pas rare de voir des
privilégiés se permettre de rester en arrière, soit pour leurs
propres affaires, soit pour celles des commandeurs; et comme
cet abus pourroit devenir très-conséquent, le planteur doit le
réprimer très-sévèrement. Le planteur doit donner à sa sucrerie,
lorsqu'elle marche, tous les momens qu'il pourra dérober à ses
autres travaux, et, en général, y entrer toutes les fois qu'il
passera aux environs, et y rester depuis son dîner jusqu'au soir,
en prenant sur ce temps celui qui lui sera nécessaire pour aller
inspecter ses ateliers. Lorsque la sucrerie ne marche pas, le
planteur doit employer l'intervalle qui s'écoule de son dîner à
quatre heures, à calculer ses travaux, à corriger ce qu'il aura
remarqué de défectueux dans son tableau d'exploitation, ce qui
peut être amené par des fautes ou par les circonstances; il visitera son hôpital, ses ouvriers, sa purgerie et sa rumerie; il
montera à cheval pour voir son petit atelier, et se rendra
ensuite au grand atelier pour l'inspecter jusqu'à l'heure des

B

herbes (1). En se retirant, le planteur verra quelquefois entrer son bétail dans les parcs pour observer l'état de ses bœufs et mulets, questionner les gardeurs là-dessus, leur recommander la surveillance et les soins, leur faire remarquer enfin que son œil actif plane sur eux comme sur les autres esclaves. Après la visite des bestiaux, le planteur va faire celle de son hôpital, où il doit trouver le chirurgien; ils décident de concert quels sont les convalescens qui doivent en sortir le lendemain, et le premier commandeur reçoit les ordres de son maître pour faire aller les esclaves convalescens à l'un ou l'autre atelier.

La nuit arrive, mais les travaux du planteur ne sont pas achevés; l'heure de jeter les herbes approche; les commandeurs font claquer leurs fouets pour appeler les esclaves, et vont les attendre devant la maison principale, lieu du ralliement. Le planteur cause avec eux des travaux qu'ils ont exécutés dans la journée; leur trace leur besogne pour le lendemain; fixe les nègres qui doivent être détachés de l'atelier pour des travaux particuliers; leur fait part des observations qu'il a faites en faisant le tour de ses plantations ou en examinant ses esclaves et son bétail; il les fait raisonner, écoute leurs avis, profite de leurs conseils quand ils sont bons, et leur donne définitivement ses ordres pour le lendemain; la conversation finit lorsque les esclaves sont rassemblés: on inspecte leurs herbes, on en ordonne la distribution, et les esclaves vont ensuite se reposer. Il est cependant des planteurs qui croient bien calculer en exigeant de leurs esclaves de nouveaux travaux, connus sous le nom de

____

(1) Un peu avant le coucher du soleil, on congédie les ateliers de houe, et les esclaves qui les composent vont dans les champs ramasser une charge d'herbes pour alimenter les bestiaux: une heure après, ils se rassemblent pour faire inspecter leurs herbes, ce qu'on exécute avec soin tant pour s'assurer de la quantité que de la qualité; on en fait la distribution, et les travaux de la journée finissent. En quittant le travail à midi, ils agissent de même, et jettent leurs herbes en allant au travail l'après-midi.

veillées; mais j'ose leur assurer que cette pratique est aussi contraire à leurs intéréts qu'à ceux de leurs esclaves; aux leurs, en ce que les veillées excèdent de fatigue leurs esclaves, leur procurent des maladies sans fin et les dégoûtent; à ceux de leur atelier, attendu que les esclaves, après les herbes jettées, gragent leur manioque, font leur farine, arrosent leur tabac ou vont à la pêche, ce qu'ils ne peuvent exécuter lorsque leur temps est employé au service de leur maître et leurs forces épuisées par de nouveaux travaux.

Quand on a des nègres épars, occupés au loin, il faut les surprendre de temps en temps au moment qu'ils s'y attendent le moins, pour s'assurer qu'ils sont dans leur chantier et qu'ils s'y occupent pour leur maître; ce qui peut s'exécuter soit à l'heure consacrée à l'inspection des plantations qu'on remettroit alors à l'après-midi, soit l'après-midi avant d'aller au jardin.

Avant de commencer la récolte, le planteur doit avoir calculé ses travaux pour toute l'année; il en dressera donc un tableau où seront portés les champs de cannes à récolter, leur toisé, l'estimation de leur produit, et l'époque où ils doivent être récoltés; une autre colonne désignera les champs à planter en cannes, leur toisé et les époques où ils le feront; une troisième colonne pour le manioc à planter, une pour celui à récolter, une autre pour les mouvemens de la purgerie, une autre pour ceux de la rumerie. Ce tableau sera posé dans la salle commune de la maison principale, afin que ses sous-ordres puissent le lire ou se le faire expliquer : moyennant cette précaution, que le planteur soit présent ou non, les travaux se succèdent comme il l'entend; et si par hasard il est malade, il peut s'épargner le désagrément d'entrer dans des détails satisfaisans pour lui en tout autre temps, mais fort incommodes en pareil cas.

Quoique j'aie assigné une heure pour chacune des choses qui doivent occuper le planteur, je n'entends point l'astreindre à s'en faire une règle impérieuse; il peut varier (et il le doit même)

B 2

les heures destinées à telle ou telle inspection ; pourvu qu'il s'occupe de tout, c'est remplir ce que je lui recommande.

DES SOUS-ORDRES.

Un planteur riche, qui veut se reposer, doit faire choix du
meilleur économe, et ne rien épargner pour se l'attacher. Si le
planteur se sent en état de le diriger, il ne doit rechercher chez
son économe que la docilité, la fermeté, la justice et l'activité ;
mais dans le cas où le planteur ne posséderoit pas les connoissances nécessaires à l'exploitation de son habitation, il doit chercher dans son économe les lumières qui lui manquent. Dans le
premier cas, le planteur le dirigera ; mais dans le second, il lui
donnera toute sa confiance ; ne se réservant que les affaires du
dehors, les écritures et les clefs, afin de ne point le distraire de
ses occupations principales. Le planteur inspectera aussi l'hôpital,
ce qui n'empéchera pas que l'économe, mis en son lieu et place,
n'adopte pour lui tout ce qui est assigné au planteur dans l'article
précédent. Dans les premiers temps, le planteur doit observer
avec soin la conduite de son économe, afin de s'assurer s'il est
digne de sa confiance ; une fois qu'il le connoît pour ce qu'il lui
faut, il doit s'en faire un ami, provoquer le respect des esclaves
par les égards qu'il lui témoigne, et enfin, exciter son zéle par
une récompense qui ne lui sera point onéreuse. Je suppose, par
exemple, que l'habitation rende, année commune, six mille
formes, le planteur doit convenir avec son économe qu'il ajou-
tera cent pistoles à ses appointemens quand il en fera sept, deux
mille livres quand il en fera huit, etc. Le planteur doit se réserver la haute police sur son atelier, c'est-à-dire, juger tous les
différens entre les esclaves, ordonner les punitions qui lui sont
permises pour les délits qu'ils peuvent commettre. Cette précaution a deux buts également utiles ; l'un d'assurer une justice
impartiale, et l'autre d'éviter de rendre l'économe désagréable à
l'atelier, le planteur ne devant accorder des grâces à son atelier

que par l'entremise de son économe, et se réserver les châtimens sévères : ce cas là excepté, les corrections ne devant pas être fortes, doivent dépendre de l'économe, qui ne pourra jamais infliger à un esclave au-delà de vingt coups de fouet debout; mais il pourra le faire mettre au cachot quand il jugera le cas plus grave, en rendant compte de ses motifs au planteur: celui-ci appréciera la faute et ordonnera la peine qu'elle mérite. La même autorité doit être donnée à l'économe sur tous les esclaves quelconque, commandeurs, ouvriers, etc.

Les commandeurs sont les sous-ordres de l'économe; ils doivent lui être soumis et se faire respecter de tous les esclaves. Le planteur et l'économe doivent amener ce respect par la manière dont ils traitent les sous-ordres, et, en général, éviter de les humilier devant l'atelier, et ne les châtier ou réprimander qu'à l'écart; mais pour peu qu'un commandeur se mette fréquemment dans le cas de mériter des corrections privées, il faut le châtier à la tête de l'atelier et le casser de ses fonctions, comme incapable de les exercer.

Ainsi que je l'ai dit précédemment, les commandeurs sont l'ame d'une habitation; il dépend d'eux que les esclaves qu'ils dirigent aient un bon esprit et se conduisent bien: s'ils y travaillent avec succès, ils méritent des récompenses; mais dans le cas contraire, le planteur peut s'en prendre hardiment à eux, car le dérangement de l'atelier ou son indolence ne sont que le fruit de l'incapacité ou des mauvaises manœuvres des commandeurs.

Les commandeurs sont armés d'un fouet pour se faire respecter et faire les appels; mais il doit leur être défendu de le faire claquer sans cesse aux pieds des esclaves ou en l'air, ce qui accoutume l'atelier à ce bruit, qui cesse de lui en imposer: ils ne doivent donc en faire usage que lorsqu'un esclave est repréhensible, et alors lui faire sentir le coup: de cette manière, la punition infligée à un esclave avertit tous les autres qu'ils en recevront autant s'ils se négligent, et cela leur évitera des châtimens en avançant l'ouvrage. Quand il y a un économe sur

une habitation, l'autorité des commandeurs s'étend également sur
tous les esclaves pour ce qui concerne le bon ordre qui doit
régner sur l'habitation, en étant responsables ; mais quant aux
travaux, ils ne doivent rien inspecter sur les raffineurs, rumiers,
ouvriers, etc. qui, tous soumis à leurs chefs, en reçoivent les
corrections passagères qu'ils peuvent s'attirer, les châtimens
sévères étant également réservés pour eux au planteur ; mais
toutes les fois que les chefs de ces différens ateliers ont besoin
du secours des nègres de houe, ils requerront l'économe, ou le
maître commandeur à son défaut, de les leur prêter. Quand il
n'y a point d'économe sur une habitation, le maître commandeur doit avoir la même portion d'autorité sur tous les esclaves,
excepté, dans tous les cas, les domestiques qu'un planteur doit
distinguer des autres esclaves, afin de leur inspirer un esprit de
corps qui les lui attache et les éloigne des autres esclaves ; ils
doivent servir de rempart entre le maître et les autres nègres.
Il ne sera point question, dans cet article, des sous-ordres de la
sucrerie ni de la rumerie, leurs fonctions étant détaillées dans
le dernier chapitre.

Le petit atelier a aussi son commandeur ; les femmes sont plus
propres pour remplir ces sortes de places, tant par la douceur
qui est l'apanage de leur sexe, que parce qu'elles entendent
mieux les soins encore nécessaires aux jeunes esclaves qui composent cet atelier. On ne fait pas généralement assez d'attention
au choix de ces sous-ordres, il est cependant de la plus grande
importance, car de cette première éducation dépend, pour ainsi
dire, la manière d'être de l'esclave. Le premier soin de la femme
chargée de guider le petit atelier, doit être la conservation de la
santé des enfans qui le composent ; elle doit les surveiller sans
cesse, ne leur laisser manger aucune vilenie, leur enseigner la
manière de bien exécuter tous les travaux, exciter ceux qui
sont indolens à plus de célérité, et empêcher ceux qui sont
trop vifs de se forcer ; elle doit les accoutumer à l'obéissance,
ne pas souffrir qu'ils raisonnent lorsqu'on les commande, encore

(15)

moins qu'ils se querellent entr'eux ; elle doit visiter leurs pieds
chaque jour pour les faire nettoyer et en tirer les chiques , rien
ne contribuant plus à rendre un nègre paresseux. A cet âge,
les esclaves reçoivent l'impression qu'on leur donne ; il dépend
donc du sous-ordre qui les conduit d'en faire de bons ou de
mauvais sujets : celui qui remplit dignement sa tâche mérite
beaucoup de son maître ; celui qui la néglige et trahit la confiance du planteur , se rend au contraire bien coupable ; l'un doit
être récompensé libéralement , et l'autre doit être destitué ; car ,
à coup sûr, le premier formera de vaillans esclaves et de bons
sujets qui conserveront un bon esprit dans l'atelier où ils seront
incorporés , tandis que le second, laissant tout aller au hasard ,
n'offrira pour recrues que des esclaves indisciplinés , paresseux
ou d'une mauvaise santé ; et peu à peu, l'atelier ainsi recruté
perd de sa valeur , et dégénère à un tel point, que le planteur
auquel il appartient regrette trop tard d'avoir été négligent dans
le choix qu'il a fait du sous-ordre destiné à conduire le petit
atelier. Afin d'exciter l'émulation parmi les ouvriers, l'âge ne
doit point désigner leur chef, mais le talent ; ce chef doit être
respecté des ouvriers qui sont sous lui, comme le commandeur
l'est par les nègres de houe, et il doit avoir la même autorité.
Chaque fois qu'il fera un travail conséquent, le planteur ne doit
pas négliger de le récompenser s'il l'exécute bien. Pour s'éviter
les tracas en augmentant la besogne et éloigner les punitions ,
le planteur doit taxer chaque jour, autant que le genre d'ouvrage
le lui permet, le travail que devra exécuter chaque atelier d'ouvriers ;
mais pour le faire avec fruit, il faut connoître les différens métiers
et alléger leur tâche plutôt que de l'appésantir ; on y gagnera
toujours. Les ouvriers de toute espèce, les tonneliers et raffineurs
exceptés, doivent être occupés de leurs métiers du moment que
finit la récolte jusqu'à celui où elle recommence ; mais à cette
époque, ils doivent avoir satisfait à tout ce qu'exigent les besoins
de l'habitation, et être employés alors à tous les travaux de la
purgerie, à couper du bois, à aller à la lianne, etc. ; de manière

qu'il n'y ait jamais un nègre de houe détourné du travail tant
que dure la récolte. Les charpentiers doivent être tonneliers et
également *invertendo* ; sans cette disposition les uns ou les autres
se voient souvent sans occupation ou ne pourroient pas suffire à
leur tâche. La récolte finie, les tonneliers doivent s'occuper à
préparer la provision de fonds à barriques pour la récolte prochaine, afin de n'être point détournés pendant la récolte, et que
le bois soit assez desséché pour ne pas nuire au sucre.

Les charrons, pendant l'intervalle qui s'écoule entre les deux
récoltes, doivent s'occuper à rassembler les jantes, les raies et
les moyeux nécessaires ; à réparer toutes les voitures, bâts et
jougs ; à avoir des bois de rechange pour les pièces qui peuvent
venir à manquer. Les charpentiers doivent à la même époque
réparer tous les bâtimens et préparer des rechanges de toutes les
pièces qui peuvent venir à manquer durant la récolte, afin qu'elles
soient prêtes et sous la main quand elles deviendront nécessaires :
durant le même intervalle les maçons remonteront les chaudières,
répareront les bâtimens en ce qui les concerne et feront provision de pierres de toute espèce. Les laboureurs répareront leurs
charrues à mesure qu'elles se dérangeront et en auront une de
rechange ; ils doivent se lever, ainsi que les cabrouetiers, deux
heures avant le jour, afin de faire manger leurs bœufs avant
de les faire travailler, et toutes les bêtes de somme ou de traits
doivent être dételées avant neuf heures du matin ; les esclaves
qui les conduisent doivent (ayant jusqu'à midi pour eux) être
tenus à faire chacun un bon paquet d'herbe pour ces animaux,
également l'après-midi ; de quoi ils ne pourront se plaindre,
les autres esclaves allant au travail à une heure et ceux-ci n'ate-
lant qu'à trois ; les muletiers doivent observer la même règle.

Les gardeurs de bestiaux doivent être assujettis à étiqueter tous
les jours les bœufs et mulets, et à les conduire au bord de la
mer deux fois la semaine pour les nettoyer et les baigner ; mais
dans le sec, il faut encore ajouter à ces soins la précaution de
les frotter avec l'antidote aux poux, ainsi qu'il sera recommandé
à l'article bestiaux.   Un

Un abus que peu de planteurs observent et auquel par conséquent ils ne remédient pas malgré son importance, procède de l'habitude qu'ont les grands gardeurs d'aller à leurs affaires dès que le bétail est rendu dans la savanne; les petits gardeurs, imitant les grands, s'amusent à jouer, s'inquiétant peu des pauvres animaux qui leur sont confiés, qui se cassent le cou en tombant dans les falaises, broutent les cannes ou vont chez les voisins; quand enfin, on s'apperçoit de ce désordre, le planteur fait châtier le maître gardeur, qui rend la corection aux enfans qui sont sous lui; et ceux-ci, pour éviter pareille punition, sans renoncer à leurs plaisirs, rassemblent les bestiaux dans la savanne, l'un d'eux les garde et les empêche de se disperser, tandis que les autres s'amusent : de cette manière les bestiaux dépérissent peu à peu et on en perd considérablement. En visitant de temps en temps ses savannes, le planteur tient ses gardeurs en haleine et s'évite des pertes journalières. Les gardeurs d'habitation doivent être sans cesse en l'air, tantôt d'un côté tantôt d'un autre; ceux qui gardent les cannes doivent être châtiés toutes les fois qu'on remarque qu'elles sont ravagées par les esclaves ou les bestiaux, ce qu'on vérifie dans la pièce ou dans les lisières, par les cannes cassées ou renversées, ou les bagasses fraîches. Les gardeurs de manioc étant à poste fixe aux pièces qui leur sont confiées, sont bien plus coupables lorsqu'elles sont ravagées ou volées; ils doivent avoir un chien pour faire sentinelle avec eux, les avertir et les défendre : un léger sacrifice contribuera à rendre les gardeurs plus soigneux; le planteur peut disposer d'un petit canton dans chaque pièce de manioc que le gardeur cultivera à son profit.

Le preneur de rats doit avoir le plus grand soin de sa meute, la promener dans toute l'habitation et sur-tout dans les cantons voisins des bois et des ravines; le planteur doit le taxer à tant de rats par jour à raison du dégât qu'il remarque dans ses cannes, et le faire observer pour s'assurer que les rats qu'on lui présente ont été réellement pris dans les cannes et non dans les bois. Avant de mettre la canne au moulin, les tonneliers doivent être

C

quittes de tout ouvrage, et monter les barriques nécessaires pour une étuvée, tandis qu'on en fabrique le sucre; moyennant quoi, quand on voudra le piler, on aura des futailles pour deux étuvées; ces ouvriers peuvent tomber malades, et cette précaution évite les inconvéniens que pourroit occasionner leur maladie.

En général, pour que les sous-ordres fassent leur devoir, l'œil vigilant du planteur doit planer constamment sur eux; l'activité, la prévoyance du planteur ne doivent jamais se lasser; son esprit doit être toujours tendu vers le seul objet qui doit l'occuper, la conservation de ce qu'il possède et les moyens d'étendre ses possessions ou de les affranchir de toute hypothèque.

CHAPITRE SECOND.

Des nègres, de leur caractère, des différentes nations importées dans nos îles, et de la manière de conduire les esclaves considérés sous tous les rapports.

CE chapitre, le plus essentiel de tous, sera divisé en neuf articles : le premier donnera une idée du nègre en général; le second traitera des nègres créoles; le troisième des différentes nations africaines importées dans la colonie; le quatrième aura pour objet la discipline des esclaves sur une habitation bien ordonnée; le cinquième présentera les moyens les plus efficaces pour faire régner l'abondance dans les ateliers; le sixième traitera du marronage des esclaves et offrira des moyens d'encourager la population; le huitième développera une méthode pour tirer le meilleur parti possible des esclaves sans les fouler; le neuvième enfin, traitera des hôpitaux et des soins qu'exigent les malades.

ARTICLE PREMIER.

Idée qu'on doit se former des nègres esclaves dans les colonies.

La chose la plus essentielle pour un homme destiné à commander à d'autres, est sans contredit la connoissance parfaite de leur caractère, de leurs mœurs et de leurs passions : si cette maxime est vraie en général, l'application en devient plus impérieuse vis-à-vis des nègres esclaves de nos colonies, qui, quoique grossiers, sont sournois, rusés et savent dérouter celui qui seroit le plus habile, lorsqu'une étude approfondie ne le met pas à même de discerner le vrai apparent du faux existant.

Le nègre naît indolent mais robuste, capable de supporter les plus grandes fatigues lorsque son intérêt ou son inclination l'y portent ; mais indomptable dans sa paresse quand elle n'est pas combattue par un de ces deux mobiles ; dissimulé et adroit, il dérobe à son maître un temps précieux sous divers prétextes, qu'il sait employer utilement pour lui ; ayant les passions vives, il ressent la colère et l'amour avec toute la force que lui donnent son peu de raisonnement et ses facultés physiques ; susceptible d'attachement, le nègre bravera toute espèce de danger pour servir le maître qu'il aime, la femme qui a son amour, ou l'enfant qu'il a eu d'elle ; poltron par tempéramment, le nègre fuit ordinairement le danger tant qu'il en a la faculté ; mais aussi le peu d'importance qu'il attache à la vie le rend brave, même féroce, lorsqu'il est excité par ses passions ou que la mort lui paroît inévitable ; il s'occupe peu du présent, il oublie facilement le passé et ne s'inquiéte jamais de l'avenir : la mort d'une femme, d'un enfant chéri, l'affligent quelques instans, mais peu après, son cœur se remplit d'autres objets : il est vindicatif et jaloux à l'excès ; il ne pardonne point à sa femme adultère, non plus qu'à l'homme favorisé par elle ; en pareil cas, le nègre le moins à craindre est celui qui témoigne sa colère par une vengeance prompte et franche ; mais ceux qui dissimulent sont des êtres dangereux qui, trop lâches pour attaquer leurs adversaires ouvertement, méditent leur perte dans le silence et souvent la ruine de leur maître, en composant des poisons de toute espèce qu'ils modifient à leur gré pour détruire sur le champ ou faire traîner leurs victimes durant des années entières. Ceci doit faire sentir au planteur la nécessité d'une police surveillante qui en impose à de tels scélérats. Le nègre est généreux envers ses semblables ; quand il a ses amis chez lui , il prodigue tout ce qu'il possède ; mais aussi lorsque son défaut de prévoyance lui fait sentir des besoins, il les satisfait à tout prix, il vole ses compagnons d'esclavage, son maître et ses voisins , sans le moindre scrupule.

Telle est l'idée qu'on doit se former du nègre en général ; on conçoit, que pour acquérir ces lumières sur leur compte, il faut les étudier longtemps avec l'intérêt que donne la propriété , aussi ai-je regardé comme très-essentiel , de développer ce que m'ont appris, sur ce sujet, vingt années d'expériences et d'observations.

ARTICLE II.

Des nègres créoles.

Il n'est point de planteur qui n'apprécie la différence qui existe entre le nègre créole et celui qu'on débarque de Guinée, et je ne crois par trop avancer en disant qu'on préfère un nègre né sur l'habitation qu'on exploite, à trois Africains qui arrivent de leur pays. Le nègre créole, accoutumé dès son enfance à tout les travaux qui doivent l'occuper dans l'âge viril, y étant amené par gradation, s'habitue à les exécuter avec adresse et sans de grandes fatigues ; son tempéramment se forme, se fortifie peu à peu et à mesure que sa tâche augmente, ce qui le met à même de la bien remplir : ne changeant point de climat ni d'habitudes , il n'a point à redouter les maladies de consomption, l'ennui et les regrets qu'éprouvent les Africains enlevés à leurs foyers, ignorant le sort qu'on leur prépare en les éloignant d'un maître barbare qui ne leur donne pas une idée plus flatteuse de celui qui le remplace. L'image des personnes qui lui sont chères vient encore troubler le peu de momens de sécurité dont il jouit quand il commence à connoître sa destination. Le travail auquel on l'assujettit, quoique ménagé dans les commencemens , lui répugne par suite de la paresse à laquelle il a été livré jusques alors. Le nègre créole n'éprouve aucun de ces obstacles, il est élevé au milieu de ses parens et de ses amis, qu'il ne quitte

plus, qui soignent son enfance, le forment à tous les travaux,
lui donnent le goût de la propriété et l'exemple de l'obéissance;
ils l'éduquent enfin convenablement à son état; de sorte qu'en
devenant homme, il est déjà instruit et accoutumé à tous les
genres d'industrie qui peuvent lui être profitables, en même temps
qu'il se rend propre à tous les travaux auxquels son maître peut
l'employer, ayant pour lui la force, l'adresse et l'habitude du
travail, ce qui fait que le nègre créole exécute mieux et plus
promptement toute espèce d'ouvrage.

Quoique j'aie fait un éloge mérité du nègre créole, je suis forcé
de convenir de ses défauts et de la nécessité où est le planteur
de surveiller les familles anciennes de son atelier ; ce sont des
tyrans qui donnent le ton au reste du hameau, qui lui com-
muniquent leur bon ou mauvais esprit, mais qui quelquefois, ne
pouvant y réussir par la persuation, emploient des armes aussi
funestes à ceux qu'ils veulent entraîner dans leur parti, qu'à
leur maître.

Si le fonds d'un atelier est bon et attaché à son maître, tout
ira bien ; mais s'il en est autrement, le planteur, quelque vigilant
qu'il soit, court le risque d'être incessamment ruiné, et à plus
forte raison pour peu qu'il soit indolent; ces matadors emploient
d'abord les caresses; s'ils ne réussissent pas par-là, ils en viennent aux menaces, delà ils passent aux coups, ensuite au poison,
afin de subjuguer ou punir l'esclave qui veut se soustraire à
leur empire : si cet esclave est infirmier, ils finissent par empoi-
sonner les nègres soignés par lui ; si c'est un gardeur de bétail,
les bœufs, mulets ou moutons qui lui sont confiés périssent ;
si cela ne suffit pas pour assouvir leur rage, ou que ces esclaves
n'aient que leur propre individu exposé à leurs coups, il reçoivent la mort. Qu'on trouve des scélérats de cette espèce parmi
les hommes, cela n'étonne pas autant que cela afflige l'humanité;
mais ce qui désoriente selon moi, c'est que les esclaves qui
sont victimes de ces poisons, sachant quels sont les empoisonneurs qui attentent à leur vie, n'osent jamais prendre sur eux

de les dénoncer à leur maître, tant ils les redoutent. J'ai vu un planteur perdant tout ses nègres du poison et faisant sans cesse des perquisitions inutiles pour connoître les auteurs de sa ruine, un certain lundi, la plus vaillante négresse de son atelier vint lui dire qu'elle étoit hors d'état de travailler; le planteur la questionna, et par les symptômes qu'elle décrivit, son maître reconnut dans sa maladie les effets d'un poison lent; mais il eut beau la retourner de toutes les manières pour s'instruire d'où partoit le coup, il ne put rien lui arracher; l'annonce de cette nouvelle perte n'étoit point faite pour égayer ce planteur; à l'heure du dîné il se mit à table rêvant toujours à la scène du matin; mais à peine eut-il mangé sa soupe, que son premier commandeur (il n'avoit point d'économe) entra dans la salle à manger conduisant la malade et une tante à lui très-suspecte au planteur; à peine eut-il le temps de dire à son maître que ces deux négresses se querellant et n'ayant pu leur en imposer, il les lui amenoit, que cette vielle tante, faisant partie d'une de ces familles anciennes et primant dans l'atelier, éleva la voix avec la plus grande arrogance, et dit à son maître : *cette coquine ose m'accuser de l'avoir empoisonnée.* Là-dessus elle fit son panégirique ainsi que cela se pratique. Le planteur l'interrompit pour lui dire que depuis long-temps il la soupçonnoit coupable du crime dont on l'accusoit; que la crainte de commettre une injustice l'avoit empêché d'écouter ses soupçons, mais qu'étant dénoncée, il n'avoit plus de doute; il ordonna de la mettre au cachot, lui promettant que si le lundi suivant la négresse malade n'étoit pas à la tête de son atelier, elle ne verroit plus le jour; la vieille fut renfermée, et le lundi suivant l'autre négressse fut au travail aussi vaillante que jamais, et cela sans que le chirurgien lui eût administré le moindre remède. Cette anecdote ayant ouvert les yeux du planteur, il dépaysa l'empoisonnneuse; les mortalités cessèrent, et son atelier ratrapa la gaieté qui en étoit bannie depuis long-temps. Je n'ai rapporté ce fait que pour prémunir les planteurs contre ces esclaves à bouche dorée qui, ne cessant de prodiguer des bénédictions et des assurances d'amour à leur maître, comme faisoit cette vieille, s'étudient à leur nuire par tous les moyens ; cela doit les convaincre aussi, qu'ils ne devront jamais qu'au hazard les preuves qu'ils cherchent contre les empoisonneurs de leurs ateliers ; car cette négresse malade savoit certainement le matin, quand son maître la questionnoit, que cette vieille l'avoit empoisonnée, mais elle n'en avoit voulu rien avouer ; un instant de colère produisit plus d'effet sur elle que le soin de ses jours et les sollicitations d'un maître chéri : on peut encore conclure de ce fait, qu'un bon commandeur, qui joint l'honnêteté à la vigilance, est un être bien précieux pour un planteur ; car tout autre à la place de celui-ci, auroit appaisé la querelle entre les deux négresses, afin d'en dérober la connoissance à son maître ; mais celui-ci n'ignorant pas combien une telle découverte étoit importante pour le sien, n'écouta que son zèle, sacrifiant les liens du sang aux devoirs de fidélité ; et méprisant les risques d'une telle démarche, il ne vit que le mérite de son action. Le planteur le récompensa convenablement ; mais, peu après, ce bon sujet fut victime de son honnêteté, tomba dans une maladie de langueur, à laquelle son tempéramment résista dix-huit mois, et malgré les soins les plus assidus, il succomba après ce terme. L'exemple de la fin de ce commandeur doit faire sentir aux planteurs combien il est essentiel qu'ils couvrent du plus grand secret les intelligences qu'ils ont le bonheur de se ménager avec quelques bons sujets de leurs ateliers, qui les instruisent de ce qui se passe sur leurs habitations. On déplore avec raison les ravages prodigieux qu'opère le poison sur les ateliers et le bétail ; il est certain qur ce fléau existe et fait un tort considérable aux planteurs des colonies ; mais je pense cependant qu'en général, on se livre trop aux craintes qu'il inspire, et que les faux soupçons auxquels ces idées non fondeés donnent naissance, font autant de tort aux planteurs que la chose elle-même. Si dès qu'une épidémie ou épizootie commence ses ravages, on en accuse le poison, on décourage son atelier ; chaque esclave qui se sent incommodé se croit empoisonné, ce qui lui rend le corps plus malade en affectant son esprit; le planteur lui-même, absorbé par cette idée, néglige des remèdes et des précautions qui pourroient arrêter le mal, pour en prendre d'opposés à son but. Il faut donc se méfier du poison et des empoisonneurs, suivre toutes leurs démarches, les faire épier sans qu'ils s'en doutent, mais ne croire à ce fléau, que lorsqu'on se sera bien convaincu qu'il existe. J'exhorte les planteurs, d'après les motifs que j'ai fait connoître, de mettre la plus sérieuse attention aux choix de leurs gardeurs; car très-souvent on donne la préférence pour cet emploi essentiel à tout esclave qui n'est pas propre à travailler à la houe.

ARTICLE III.

Des Africains importés dans les colonies.

Il en est des Africains comme des autres peuples; chaque nation a ses qualités et ses vices caractéristiques, ses partisans et ses détracteurs. Tel planteur croit que les Aradas et les Ibos sont les meilleurs; d'autres préfèrent les Sénégalais et les Mocos, il en est enfin qui penchent pour les Capelaoux, les Sossos, etc. Les uns et les autres peuvent avoir raison; je ne blâmerai jamais le choix de personne, je me contenterai seulement d'observer que ces esclaves étant destinés aux travaux de la terre, doivent mieux réussir quand ils sortent d'un pays auquel ces travaux ne sont point étrangers; au reste, j'ai vu souvent les esclaves du même pays et de la même cargaison réussir à merveille sur une habitation et très-mal sur une autre; on pourroit en donner plusieurs raisons particulières tenantes au régime qui régit chaque habitation; car, comme il est des planteurs qui ont le talent de rendre bons les plus mauvais esclaves, il en est d'assez maladroits pour rendre mauvais le meilleur atelier : mais, sans m'arrêter à à ces considérations particulières, toutes importantes qu'elles sont, je vais présenter une observation qui servira de base aux conseils que je donne aux planteurs à ce sujet.

Deux

Deux planteurs achetent des Ibos de la même cargaison ; ils ont déjà tous les deux des nègres de cette nation ; mais chez l'un ces nègres ont des cases, des jardins bien entretenus. ; ils sont laborieux pour leur maître comme pour eux ; ils ont une bonne conduite, travaillent gaiement sans jamais se déranger : on conçoit aisément que la recrue d'Ibos, incorporée à ce bon fonds d'atelier, donnera toute sa confiance à ses compatriotes, se pénétrera de l'esprit qui les anime, suivra les exemples qu'ils lui donneront, tandis que les anciens Ibos, de leur côté, ne négligeront rien pour instruire les nouveaux venus, pour les aider dans tous leurs besoins ; ils s'empresseront à former leur petit établissement ; ils leur inspireront le goût du travail et de la propriété, de sorte que ces recrues se feront à l'habitation, se formeront à la discipline et aux travaux, et qu'après deux ans, ils seront créolisés et d'excellens esclaves, sans qu'ils aient occasionné la moindre peine au planteur. Voilà le beau côté de la médaille ; mais en la retournant, on verra chez l'autre planteur un fonds d'Ibos ayant un esprit tout différent de celui de l'autre atelier ; et comme il est indubitable que les recrues de cet atelier se conduiront également par l'impulsion des compatriotes qu'ils y trouveront, il est à présumer qu'ils ne feront que de mauvais sujets, quels que soient les soins que leur donnera le planteur. Il y a cependant sur cette même habitation un fonds de nègres Aradas dont on est content, et il ne faut pas douter que si on eût recruté l'atelier avec des nègres de cette nation, ils eussent aussi bien réussi sur celle-ci que les Ibos sur l'autre. Le planteur qui achete des Africains doit donc donner la préférence à la nation qui a le mieux réussi dans son atelier ; mais lorsqu'on veut former une habitation il faut bien faire un choix. En ce cas, j'opterois entre les Ibos, Sossos et Aradas, en observant de choisir ces derniers les plus jeunes possible, étant ordinaire qu'ils se familiarisent dans leur pays avec de certaines drogues dont le planteur doit sans cesse se méfier. Les nègres Ibos ont aussi leur vice, l'orgueil ; il faut travailler à les en corriger, dès leur arrivée, par toutes les

D

voies q'uoffre la douceur ; mais quand ce vice sera en fermenta-
tion , on doit prendre des précautions pour éviter que le sujet
qui en sera passionné n'attente sur la vie de celui qui l'irrite ou
sur sa propre existence. Les nègres Ibos se suffisent bientôt à
eux-mêmes ; ils sont laborieux, remplis d'industrie, et leur orgueil
les excitant à la parure, augmente encore chez eux le goût de
l'ordre et du travail.

En général, il est plus avantageux d'acheter les Africains depuis
l'âge de douze ans jusqu'à seize , les mettre au petit atelier pendant
deux années ou plus long-temps, si leurs forces ou leur tempéramment l'exigent, et les accoutumer, par gradation, aux travaux
les plus pénibles, les y employant quand il en est temps, d'abord
une heure et successivement toute la journée ; mais tant qu'ils
ne sont pas formés, il faut les soigner beaucoup, les confier aux
esclaves de leur nation reconnus pour les meilleurs sujets , leur
faire soigner leurs jardins, les accoutumer à les travailler avec
l'intérêt que doit donner la propriété, et ne point les incorporer
au grand atelier qu'ils n'aient leur case et leur ménage montés.
Les jeunes nègres Africains ne doivent être considérés que comme
un dépôt destiné à recruter le grand atelier ; on ne doit donc pas
compter sur leur travail, mais s'occuper de leur santé et de leur
éducation jusqu'au moment que fait au pays, ils pourront être
regardés comme créolisés ; alors nul inconvénient ne s'oppose à
ce qu'ils soient employés à tous les travaux qu'exécutent les
autres esclaves. La propriété étant l'aimant qui attache les hommes
à leurs foyers , il ne faut rien négliger pour en inspirer le goût
aux Africains nouvellement transplantés , en les aidant à s'en
procurer dans les premiers temps. Leur maître peut leur donner
un cochon , une poule, etc, ; une fois qu'ils se seront fait une
habitude de soigner ce qui leur appartient, qu'ils auront éprouvé
les douceurs que procurent ces différentes propriétés , cherchant
à les étendre afin de jouir davantage, ils n'auront garde de tout
abandonner pour aller marrons.

Mais un planteur peut avoir des besoins impérieux ; une épidémie, le poison, peuvent lui enlever une partie de son atelier et le rendre trop foible pour exécuter les travaux de l'habitation, ce qui nécessite un prompt renfort, et force le planteur à recruter son atelier par de grands esclaves : il faut bien alors qu'il néglige mes conseils ; mais il doit tâcher d'éloigner les inconvéniens d'une telle détermination par des précautions sages. Il faut acheter autant d'esclaves d'un sexe que de l'autre pour les unir par couple ; mais comme les hommes sont plus inconstans que les femmes, il faut atténuer ce vice en les achetant les premiers et leur laissant choisir leur compagne : rendus sur l'habitation, ils seront visités par le chirurgien qui leur donnera les secours qu'exige leur santé lorsqu'elle sera dérangée ; dans le cas contraire, on les rafraîchit pendant quelques jours et on les purge. Après cette précaution, il faut occuper ces esclaves à se loger ; on les fait aider par quelques autres nègres ; et si on procure à chaque couple sa case et son jardin, ces deux choses essentielles doivent être exécutées avant que les esclaves entreprennent aucun travail pour leur maître. Dès le premier jour qu'ils prennent possession de leurs cases, le planteur doit (après les avoir munis de pots, chaudières, etc.) faire donner l'ordinaire à chaque couple, qui sera réglé d'après leurs besoins et suffisant pour qu'ils aient tout ce qui est nécessaire (1) ; de cette manière on les accoutume de suite au genre de vie qu'ils doivent tenir dans la suite, cela leur donne de l'ordre et les force à calculer avec eux-mêmes : aux meubles de cuisine, il faut ajouter une bonne cabanne avec sa paillasse, deux draps de grosse toile, et deux ou trois rechanges de nipes. Malgré que l'ordinaire qu'on donnera à ces nègres nouveaux doive être suffisant, il est possible cependant que des estomacs avides ressentent encore des besoins ; il faut alors donner charge à un nègre de leur pays, ou à un domestique de confiance, de s'informer de l'état de leurs

---

(1) Ration accordée et distribuée toutes les semaines aux esclaves : chaque famille la reçoit en raison du nombre de ses membres ; c'est un supplément aux vivres qu'ils cultivent pour eux.

provisions à la fin de chaque semaine, afin de leur faire fournir, par ces gens affidés, le supplément de vivres dont ils auront besoin; mais il ne suffit pas de soigner pendant deux années les nègres qui débarquent d'Afrique, ainsi que cela se pratique généralement, car on voit fréquemment ces esclaves dépérir après cette période, et mourir de la troisième à la quatrième année de leur arrivée, tandis qu'ils eussent fait de beaux et bons esclaves à cette époque, si les soins qu'on en avoit pris d'abord leur eussent été continués : mais on les gâte dans les commencemens; on leur donne au-delà de leurs besoins; on ne les oblige pas au travail qu'ils pourroient exécuter, et après deux années on pense que leurs jardins sont bien plantés, que leur tempéramment est fait au climat et aux travaux de l'habitation ; on exige d'eux, à la fois, et le même travail et la même industrie que du nègre créole. Cependant l'ordinaire de ces nègres nouveaux, qu'on ne leur a pas appris à ménager, finit aux deux tiers de la semaine, n'étant plus accordé à ceux - ci qu'en même mesure des nègres créoles, qui ont la ressource d'un jardin bien planté et de leur industrie, deux choses qui manquent également à ces nègres nouveaux; car au moment où on les croit les plus riches en vivres, leur jardin peut être en friche, soit par une suite de leur paresse naturelle, des maladies qu'ils ont essuyées, ou de l'abattement d'esprit que leur procure leur nouvelle condition et le regret de leur pays. Ils n'ont point appris, par la même raison, à pêcher, à faire des paniers, du charbon; ils n'ont point eu l'émulation d'augmenter leur basse-cour, mais l'ont au contraire laissé dépérir : c'est cependant alors que, mourant de faim et leurs forces commençant à s'épuiser, on exige plus d'eux que jamais; mais ne pouvant suffire à leur tâche, ils commencent à venir sans cesse à l'hôpital ; ils attrapent le mal d'estomac (1) ou s'adonnent au marronage; et soit une

---

(1) Cette maladie est occasionnée par le relachement des fibres et la décomposition du sang; les malades commencent à être attaqués d'une enflure générale, d'une paresse insurmontable, et de la plus grande dépravation

cause, soit une autre, ce sont des esclaves perdus pour le planteur. Il faut donc continuer, à ces nègres transplantés, les mêmes secours tant qu'ils en ont besoin : je n'assigne d'autre terme à ces secours que celui où ils cessent d'être nécessaires ; car il est des nègres faits après six mois de séjour dans les colonies, et il en est auxquels il faut plusieurs années. Quand donc ces nègres pourront se passer de ces secours extraordinaires (mais il faut que le planteur s'en assure par lui-même), on les leur diminuera par gradation, en observant la même règle pour augmenter leur travail. Il faut, pour ainsi dire, se faire prier par le nègre Africain, pour lui accorder la permission d'entrer dans le grand atelier, et je soutiens que tout nègre d'Afrique, destiné à devenir un bon esclave, ne laissera pas écouler six mois sans solliciter cette permission comme une faveur.

Non-seulement ces secours sont indispensables pour les nègres débarquant d'Afrique, mais ils sont souvent très-nécessaires aux nègres créoles ou créolisés, que mille circonstances peuvent rendre susceptibles de cette attention bienfaisante. Il ne faut jamais rien négliger pour la conservation de ses esclaves, et jamais l'humanité et l'intérêt n'ont été plus d'accord que dans des circonstances semblables.

Les commandeurs doivent recevoir l'ordre le plus absolu de ne point infliger aucune correction aux nègres débarquant de Guinée ; ils doivent, au contraire, leur expliquer avec douceur ce qu'ils ont à exécuter, leur faire remarquer leur faute par la voie de leurs compatriotes, qui doivent, autant que la chose est possible, être mêlés parmi eux lors du travail et logés dans leur voisinage ;

---

dans les goûts : le dernier période de la maladie les jette dans la phthisie. On parvient à guérir ceux qui en sont attaqués par l'usage des tisannes composées de simples indigènes. En général, à la suite d'une forte maladie, les esclaves sont attaqués de celle-ci, si on ne la prévient par l'usage du vin et des meilleurs alimens. On prétend qu'il y a des poisons qui occasionnent le même mal.

on ne doit commencer à les corriger que lorsqu'ils sont assez créolisés pour être jugés capables de commettre des fautes avec connoissance de cause , car alors il seroit dangereux de leur tout passer. Il seroit à désirer que les nègres d'Afrique pussent être baptisés en débarquant dans les Antilles, car le titre de chrétien leur manquant , ils sont exposés à être continuellement insultés par les autres esclaves , ce qui occasionne leur dérangement ou leur mort ; les nègres déjà baptisés les traitant de chien et ne voulant ni manger avec eux, ni se laisser toucher. Le dépit ou le chagrin gagnent ces pauvres malheureux ainsi méprisés , et s'imaginant, pour la plupart, qu'ils ne sont traités ainsi que du consentement de leur maître qui les regarde comme une classe fort inférieure à l'autre , ils perdent le goût de la vie , ils se détruisent ou tombent dans la consomption. Si messieurs les curés pouvoient se permettre d'administrer le baptême à ces pauvres esclaves à leur arrivée de Guinée, ils leur épargneroient bien des crimes, et des pertes journalières aux planteurs. Ils répondent, quand on les en sollicite , qu'il faut qu'un grand nègre soit instruit pour recevoir le baptême ; mais avant qu'il entende l'idiome de ceux qui pourroient l'instruire , il est mort si sa destruction doit provenir de cette cause.

ARTICLE VI.

De la discipline qui doit être observée par les ateliers.

J'ai déjà observé que les sous-ordres remplaçoient le planteur quand il étoit absent ; ainsi , depuis l'économe jusqu'au dernier commandeur , chef de sucrerie , rumerie, maître charpentier, etc. tous doivent être respectés des esclaves qu'ils dirigent, et le planteur doit être plus sévère pour un manque de subordination à leur égard , que s'il lui étoit personnel , attendu que l'indulgence dont il usera dans ce dernier cas , sera interprétée par ses esclaves comme un excès de bonté, son titre de maître le rendant presque toujours vénérable à leurs yeux ; mais s'il néglige de corriger ses esclaves lorsqu'ils manquent aux sous-ordres ; ils s'en prévalent pour se rendre plus répréhensibles ; car tous les esclaves ont de l'aversion pour ceux qui les commandent, hors leur maître : ils se persuadent que les châtimens qu'ils subissent d'après les ordres des sous-ordres, ne leur seroient pas infligés par leur maître, et dès-lors ils les croient injustes. Mais le planteur les fait-il punir, ils reçoivent la correction avec la plus grande résignation, persuadés qu'ils l'ont méritée ; delà vient que je renvoie toutes les punitions sévères au tribunal du planteur, lors même qu'il ne se mêle pas des travaux. Les commandeurs doivent s'étudier à connoître tout ce qui se passe dans l'habitation, afin d'en rendre compte au planteur ; ils doivent veiller à ce que l'ordre ne soit pas troublé la nuit dans les cases, et mettre en prison les esclaves qui font du tapage, pour en rendre compte le lendemain à l'économe ou au planteur ; mais si le désordre étoit occasionné par de gens libres, le commandeur ne doit rien prendre sur lui, mais rester sur les lieux pour contenir les esclaves, et faire avertir de ce qui se passe l'économe ou le planteur.

Les commandeurs doivent être responsables des nègres marrons qui se retirent dans les cases, et le planteur ne doit pas négliger, quand on en prend chez lui par une autre entremise que celle des commandeurs, de les faire punir sévèrement, leur allouant les prises quand c'est par leur moyen que les marronneurs sont pris. Le maître de la maison où sera pris un nègre marron, doit être puni avec sévérité, sans qu'aucun prétexte puisse l'en exempter.

Tous les dimanches, il doit y avoir un commandeur de garde sur l'habitation pour y maintenir l'ordre : si le planteur n'a point d'économe, il ne doit point s'absenter ce jour-là ; s'il en a un, il doit le faire rester sur l'habitation quand il s'en absente les jours de fête ; car ces jours-là, étant des jours d'oisiveté et par conséquent de licence, la force coercitive des habitations doit être plus surveillante.

Quand l'économe ou le maître commandeur ont sonné le matin, les commandeurs doivent frapper à toutes les portes du hameau

(32)

pour réveiller les esclaves, les appelant par leur nom et les obli-
geant à répondre, afin de s'assurer qu'ils ont entendu l'avertisse-
ment : au premier coup de fouet (1), tout le monde doit sortir
des cases pourvu de houes, serpes et paniers, le premier commandeur marchant à la tête de l'atelier pour le diriger vers le lieu
du rendez-vous, qui doit être d'abord aux étables pour y prendre
une charge de fumier, qu'on dépose dans la pièce la plus à portée,
quand celle où l'atelier va travailler n'en a pas besoin. Pendant
cette marche, les autres commandeurs rassemblent tous les esclaves
épars et leur font joindre le gros de l'atelier, afin qu'ils arrivent
à temps au jardin pour être rangés ensemble sous la houe ou la
serpe.

Dès que l'ouvrage commence, les sous-ordres doivent examiner
si tous les esclaves sont rendus au jardin, et quand ils s'apper-
çoivent qu'il y en a d'absens, un commandeur doit être détaché
pour les aller chercher, soit à leurs cases où ils peuvent être
endormis, où à l'hôpital, où ils se seront rendus disant être
malades : dans le premier cas, le nègre paresseux sera amené
au jardin ; dans le second, celui qui se dit malade et qui auroit
dû prévenir le commandeur au premier appel, sera examiné par
le chirurgien, gardé à l'hôpital, ou renvoyé au jardin selon que
sa santé l'exigera. D'autres esclaves, qui ne se trouvent ni à
leurs cases ni à l'hôpital, se rendent tard au jardin ; on doit
écouter les raisons qu'allèguent tous les délinquans, les punir
où les pardonner suivant qu'elles sont bonnes ou mauvaises,
penchant toujours vers l'indulgence pour les bon sujets, et la
sévérité envers les mauvais esclaves qui se font un jeu de manquer
à leurs devoirs ; mais quelquefois les nègres qui manquent au

____

(1) Demi-heure avant de faire sortir les esclaves, on sonne une forte cloche
pour les réveiller ou les rassembler, ce temps écoulé, les commandeurs
font claquer leur fouet, et alors tous les esclaves doivent se mettre en
marche, la dirigeant sur le bruit du fouet qui leur indique le lieu où les
attend l'économe ou le maître commandeur.

jardin

jardin ne se trouvent nulle part, ayant été marrons ; après les recherches ordinaires, le sous-ordre commandant l'atelier, instruit par le commandeur qui revient de l'hôpital, doit l'expédier sur le champ avec quelques nègres alertes, pour aller prendre les ordres du planteur à ce sujet, qui en donnera pour les poursuivre sur le champ : en agissant de même, on doit espérer de rattraper les fugitifs dans la journée ; mais si on néglige cette précaution, ou qu'on la diffère, ces mauvais sujets s'éloignent ou se cachent si bien qu'on a de la peine à les arrêter.

Sur cinquante esclaves rangés sous la houe, on peut permettre à l'un d'eux d'aller dans les halliers pour certains besoins, et ne point en laisser sortir d'autres que celui-ci n'ait repris son rang ; cette précaution empêche les rangs de vasciller, en leur conservant un front égal. Sur la même quantité de nègres, on doit en destiner un à porter de l'eau pour désaltérer l'atelier, choisissant de préférence pour cet emploi ceux qui ont du mal à la main ; mais lorsque l'atelier travaille loin des sources, il est nécessaire d'ajouter à cette précaution, celle de faire porter plusieurs pots d'eau, en la place du fumier, par les nègres qui vont au travail.

Les nourrices doivent être deux en société au jardin, c'est-à-dire, que l'une travaillera lorsque l'autre soignera les deux enfans et alaitera le sien : quand celle qui travaille sera fatiguée, elle se fera relever par sa compagne ; de cette manière les enfans ne souffrent pas, les mères ne font que la moitié du travail qu'exécutent les autres esclaves, mais on est assuré qu'elles le font. Il est ordinaire que les esclaves prennent le moment du travail pour façonner et changer le manche de leurs houes ; ce qui fait perdre chaque jour bien du temps au planteur, qu'il lui est facile d'économiser. Avant de commencer la récolte, il peut faire préparer une centaine de manches de houe, les confier à un vieil ouvrier chargé de les distribuer aux esclaves qui en demanderont, sous la condition qu'ils en remettront un brut qu'il façonnera ; mais comme on peut en casser au jardin, les commandeurs se serviront de ces manches en place de bâtons pour se soutenir, et échangeront les leurs avec ceux qui casseront. Les commandeurs ne doivent jamais souffrir que les esclaves marchent dans l'habitation sans y transporter quelque chose ; ils doivent se charger, en allant au jardin, de fumier ou de plant; lorsqu'ils en reviennent, ils doivent apporter des pailles, des pierres, ect.

Tous les esclaves doivent se trouver à l'appel du soir avec leurs paquets d'herbe. Il est bien des planteurs qui permettent que le même esclave se charge des herbes de plusieurs, ou que ceux qui veulent s'absenter se fassent représenter par leurs enfans ; mais c'est une mauvaise méthode d'être bienfaisant; on ne peut raisonnablement châtier le camarade ou l'enfant du nègre qui ne donnera que de mauvais fourrage par leur entremise ; d'ailleurs, avec cette licence, un libertin peut jouir continuellement de cette douceur, tandis que de bons sujets, qui auront réellement affaire, en seront soustraits. Il convient donc pour l'avantage du planteur, que tous ses esclaves soient astreints à porter eux-mêmes leurs fourrages, et il sera plus profitable pour l'atelier d'être dispensé d'aller aux herbes partiellement, toutes les fois qu'un esclave aura réellement besoin du temps qu'il emploie à ce travail.

Les sous-ordres doivent visiter fréquemment les postes où il y a des gardeurs, afin de s'assurer que la garde se fait exactement et qu'on ne vole point; il vaut infiniment mieux prévenir les fautes que de les punir, et cette vigilance des sous-ordres excite celle des gardeurs. Toutes les fois qu'un gardeur ne sera pas trouvé à son poste, il doit être puni de dix coups de fouet; celui qui laisse voler, le sera en raison des dégâts commis, ainsi que le voleur qu'on pourra attraper sur le fait. Tout esclave qui pénètre dans les bâtimens le jour pour y voler, doit être puni de vingt-cinq coups de fouet couché; mais si c'est la nuit, il doit être en outre condamné à six mois de chaîne.

Quand deux esclaves se battent et qu'on les sépare avant qu'ils ne soient blessés, ils doivent recevoir chacun vingt-cinq coups de fouet couchés; si l'un d'eux est blessé, l'autre doit être mis

à la chaîne tout le temps que son adversaire sera malade, travaillant fêtes et dimanches au jardin du blessé , le matin ou
l'après-midi ; et lorsque celui-ci sera guéri, ils recevront chacun
les vingt-cinq coups de fouet ; on ne sauroit être trop sévère pour
empêcher ces batailles, principe de bien des pertes.

Tout nègre qui désobéit aux sous-ordres doit recevoir vingt-
cinq coups de fouet ; s'il lui met la main dessus, il recevra ce
châtiment couché et gardera la chaîne un an, mais si ce sous-
ordre est un blanc, le nègre doit être dénoncé à la justice. Tout
nègre marron qui se rend doit obtenir sa grâce , quand on n'a
pas d'autres fautes à lui reprocher, car il ne faut jamais fermer
la porte au repentir ; mais si ce nègre marron est pris , on doit
lui faire une légère correction pour la première ; six mois de
chaîne le puniront à la seconde ; il l'a gardera un an pour le
troisième marronage, et s'il persiste après cela dans ses mauvaises
habitudes, il faut le vendre, ou même le donner pour rien au loin.

Quand un esclave attaché à une habitation , va voler dans celle
qui l'avoisine, son maître doit sur le champ payer le vol s'il ne
peut le faire rendre , et mettre son esclave à la chaîne pour six
mois ; s'il vole un de vos esclaves, condamnez-le à la même peine,
et faites-le travailler la moitié de ses fêtes et dimanches au profit
du nègre volé , jusqu'à ce que le prix de son travail équivale au
tort qu'il lui a occasionné.

Une des choses les plus redoutables pour les planteurs , sont
les incendies ; ils doivent donc chercher à se mettre à l'abri de
ce fléau par leurs soins et leur vigilance , qu'ils peuvent rendre
encore plus fructueux par la précaution d'avoir chez eux deux
petites pompes allemandes ; on se les procure sans grandes dépenses;
j'en ai deux qui m'ont coûté six cents livres. Le feu a pris deux
fois à ma sucrerie ; les flammes avoient gagné le faîte quand on
s'en est apperçu ; mais le secours de ces pompes a sauvé mon
bâtiment ; j'ai nommé chez moi huit pompiers que j'ai exercés
à servir les pompes : en cas d'incendie, celui qui arrive le premier
avec la pompe est gratifié d'un rechange complet de nippes ;

mais le dernier reçoit vingt-cinq coups de fouet : plaçant la récompense à côté de la punition, on excite l'émulation si nécessaire en pareil cas.

On trouvera peut-être ce chapitre inutile, chaque planteur sachant bien ce qu'il a à faire à cet égard ; j'en conviens pour ceux qui en savent autant et plus que moi en exploitation ; aussi leur ai-je observé que ce n'étoit pas pour eux que j'écrivois, mais bien pour ceux qui commencent leur carrière, et pour qui tous les détails, même les plus minutieux, doivent être précieux.

Article V.

Moyens qu'il convient d'employer pour faire régner l'abon-dance dans son atelier.

Qu'on examine un atelier soigné, dont le maître aussi humain que bon cultivateur, aura à cœur de voir ses esclaves contens et heureux ; que l'on compare ensuite à celui ci un atelier négligé, appartenant à un planteur qui surveille moins ses vrais intérêts, et on n'aura plus besoin de lire cet article pour être convaincu de l'utilité des préceptes qu'il propose.

Comme je l'ai précédemment observé, la propriété est l'aimant qui fixe les hommes sur leurs foyers ; d'où l'on peut conclure que tout esclave qui aura sa case, son jardin, toutes les choses qui lui sont nécessaires pour vivre avec aisance dans son état, et qui avec cela sera bien traité par son maître, aura bien de la peine à quitter sa demeure pour se rendre errant dans les bois. Cette considération doit donc porter tous les planteurs à procurer, autant qu'il dépend d'eux, cet état à leurs esclaves. Quoi de plus flatteur pour un planteur, que de voir son atelier bien nippé, bien portant, exécutant ses travaux avec la gaieté, compagne fidelle du bonheur ! Qu'il doit être satisfait de lui-même cet homme sensible, lorsque contemplant ses esclaves dans leurs travaux, il entend vanter ses soins paternels dans leurs chants, et qu'il peut se dire : *Je mérite leurs bénédictions, leur bonheur augmente le mien.* Mais quel contraste ne doit pas éprouver le planteur qui, au lieu de voir remuer la houe par des esclaves à bras nerveux , et dont le chant règle tous les mouvemens, n'apperçoit dans les rangs de son atelier que des squelettes ambulans , montrant leur nudité , dont le morne silence et la lenteur des mouvemens décèlent la misère et le chagrin. Dans le premier cas, sur cent nègres de houe, le planteur en aura journellement quatre - vingt - dix au jardin, et il en perdra cinq dans l'année : dans le second, à peine en aura t-il soixante-dix au travail , et il en perdra huit par an. Ajoutez à cette différence la comparaison du travail exécuté par ces deux ateliers , et vous serez plus que convaincu que les petites dépenses que je vais proposer aux planteurs en faveur de leurs ateliers , cessent de mériter cette dénomination lorsqu'on calcule les avantages dont elles sont le prix. En suivant mon plan, le premier soin du planteur sera d'exiger de tous ses esclaves , qu'ils aient des jardins et qu'ils soient bien entretenus ; mais pour être assuré qu'un tel ordre existe , il doit avoir un esclave de confiance qui aille tous les lundis visiter les plantations de l'atelier. Cet inspecteur des jardins à nègres fera son rapport au planteur , qui donnera des louanges à ceux de ces esclaves dont le jardin sera bien entretenu , et fera punir ceux qui négligeront le leur. Le planteur doit vérifier de temps en temps les rapports de l'inspecteur , afin de s'assurer qu'il ne le trompe pas. Mais un esclave qui a fait une forte maladie , doit nécessairement avoir son jardin en mauvais état quand il sort de l'hôpital ; le motif qui engage le planteur à sévir contre les esclaves bien portant qui négligent leurs plantations , doit le déterminer à venir au secours de ceux qui sont dans le cas précédent. Il s'y déterminera d'autant plus facilement, lorsqu'il fera attention que ces nègres convalescens sont peu propres à être employés à de forts travaux , et que conséquemment une semaine de leur travail sacrifié à l'amélioration de leur jardin, n'est pas très-nuisible aux travaux de l'habitation , et devient très-profitable à l'esclave convalescent. Il est des esclaves foibles, ennemis du travail, qui sans être malades sont harassés et chagrins ; ils se présentent au planteur pour entrer à l'hôpital ; il doit les y laisser reposer quelques jours de temps en temps, feignant de les croire malades, mais ne leur donnant pour tout remède qu'une bonne nourriture. Ces nègres ainsi traités iront passablement et long-temps ; mais si on suit une marche contraire, ils tomberont dans le mal d'estomac, ou s'adonneront au marro-nage, et finiront bientôt leur carrière. Il seroit cependant dan-gereux d'écouter ces paresseux toutes les fois qu'ils vous impor-tunent ; il faut au contraire les renvoyer par fois avec sévérité, recommandant à un agent fidelle de leur faire exécuter un léger travail à l'heure de leur repos, et de les récompenser grandement en vivres aux dépens du maître. Un esclave a besoin de couvrir sa case ; il vous demandera des têtes de cannes ; faites-les ramasser et transporter à sa porte. Un autre a besoin d'un cabrouet, donnez-le lui ; celui-ci vous demande une planche, celui-là quelques clous, donnez ; vous mettez votre argent à intérét. Un ménage est chargé d'une famille nombreuse en bas âge, faites de temps en temps quelques largesses au père ou à la mére, en leur recommandant le secret, leur disant que vous ne pouvez en donner autant à tous vos esclaves, mais que vous distinguez les bons. Ces secours vous attacheront vos esclaves, les faciliteront et pro-cureront une meilleure santé et un tempéramment plus robuste aux négrillons.

Quand les vivres montent à des prix excessifs, les planteurs doivent en acheter en gros, qu'ils auront à vingt pour cent meilleur marché que les esclaves ne pourroient les obtenir au détail ; et en leur cédant au prix coûtant, même à plus bas prix si le cas le requiert, ils ne s'appercevront pas de la disette.

Lorsqu'un esclave reconnu bon sujet demandera à emprunter quelques gourdes à son maître, il doit s'empresser à les lui donner: si l'esclave est ponctuel à son terme, le planteur doit lui laisser une gourde de gratification ; mais s'il le trompe, il ne reviendra pas à la charge, et son maître ne doit pas le punir. Quand le manioc est ravagé soit par des chenilles ou d'autres fléaux, donnez une ou deux après-dinées à vos esclaves pour replanter le leur.

'Après un coup de vent qui a tout ravagé, commencez par réparer vos bâtimens ; plantez des vivres ; secourez ensuite vos esclaves , soit pour rétablir leurs cases, soit pour replanter leurs jardins ; envoyez dans les quartiers, même aux îles voisines, pour y chercher du plant de manioc et d'ignames , et leur en fournir ; doublez leur ordinaire pendant quelques mois, attendu que les vivres sont plus rares et plus chers. Vous ferez moins de revenu et plus de dépense une telle année, mais vous conserverez vos esclaves qui ne se sentiront plus de l'ouragan l'année d'après ; mais si vous les abandonnez, vous en perdrez une partie, et presque tous diminueront de prix.

Deux choses remuent singulièrement les nègres, l'orgueil et l'intérêt. Ne seroit-il pas possible d'imaginer un moyen qui fît agir ces deux ressorts au profit des planteurs ? J'en ai imaginé un dont je ne puis garantir le succès , ne devant le mettre en œuvre que cette année (1). Tout les ans avant de commencer la récolte, j'assemblerai mes esclaves, et leur dirai : Que voulant les porter à être tous bons sujets, je décernerai à pareille époque une récompense à celui ou celle d'entre-eux qui me sera désigné par les autres , comme ayant le mieux rempli ses devoirs dans l'année. Chaque esclave donnera son scrutin en me nommant celui qui sera le plus digne de la récompense promise, et l'esclave qui aura réuni le plus de voix en sa faveur , recevra une belle génisse ; cette génisse sera soignée par lui ; son lait et ses petits seront pour l'esclave ; le fumier sera déposé dans une fosse aux environs de sa case, et me sera réservé.

Quel est le planteur assez ennemi de lui-même pour ne pas adopter les conseils de bienfaisance que je lui donne dans cet article ? Dira-t-on que je les induits dans des dépenses qui absorberont leurs revenus, et que sans tous ces soins, aussi minutieux

---

(1) Les circonstances où se sont trouvés les colons, relativement à leurs esclaves , ont retardé l'exécution de mon projet. On devine mes raisons sans que je les explique.

que dispendieux, les ateliers se soutiennent et se repeuplent? Je commence par assurer que sur un atelier de trois cents nègres, ces dépenses, calculées scrupuleusement, ne s'éléveront pas à plus de six à sept mille livres, et que je garantis qu'elles seront profitables à celui qui les fera, bien au-delà de ses déboursés; ensuite j'ajouterai qu'il doit être bien d'ifférent pour un homme sensible, de voir son atelier gai et bien portant, ou de le voir triste et délabré; de s'entendre bénir par ses esclaves reconnois-sans, ou d'entendre qu'ils se plaignent ou déplorent leur sort.

Article VI.

Du marronage des esclaves et des moyens à employer pour le diminuer.

La cause la plus prochaine du marronnage des esclaves, est la misère qu'éprouvent ceux qui s'adonnent à ce brigandage; n'ayant aucune ressource pour se vêtir, leur ordinaire (auquel rien ne supplée) étant fini aux deux tiers de la semaine, ils volent pour se procurer l'un ou l'autre, et étant découverts, ils prennent la fuite pour éviter le châtiment qu'ils ont mérité. J'ai fait connoître dans l'article précédent le moyen d'obvier à cette cause princi-palé du marronnage.

Le planteur lui-même peut contribuer à la désertion de ses esclaves, par l'habitude qu'il contracte de menacer un esclave qui a fait une faute, sans cependant qu'il ait l'intention de le punir: cet esclave ne se dissimulant pas ses torts, croit que son maître se dispose réellement à le châtier, de sorte qu'il cherche à éviter la correction par la fuite, ce qui prouve le danger d'une telle manie. Quand un esclave commet une faute, le planteur ou les sous-ordres doivent feindre de l'ignorer, ou la punir en la lui reprochant; une fois puni, l'esclave se rend justice, et sachant qu'il a mérité la peine qu'on lui a infligée, il travaille comme à l'ordinaire. Les sous-ordres excitent quelquefois les esclaves au marronnage, soit par des préférences injustes, soit

par

par des châtimens déplacés qui n'ont d'autres motifs que des haines particulières. Un planteur vigilant doit surveiller la conduite des sous-ordres en cela comme en autres choses, et réprimer sévèrement cet abus ; car si un esclave est très-coupable lorsqu'il méconnoît l'autorité des commandeurs, ceux-ci le sont encore davantage de faire servir le nom d'un bon maître à tyranniser son esclave.

Deux esclaves ont dispute ; on néglige d'y mettre ordre, et le plus foible redoutant son adversaire, se soustrait à sa vengeance par le marronnage, et vient ensuite ravager ses plantations à l'aide de ses nouveaux compagnons. Les règles prescrites aux commandeurs, en pareil cas, dans l'article *police* ; les peines infligées à tout esclave qui se fait justice, au lieu de la réclamer de son maître, sont bien propres à diminuer cette cause du marronnage. La punition infligée, dans l'article *police*, au maître de la case et aux commandeurs, l'orsqu'un marron est arrêté dans les cases à nègres, seroit un préservatif puissant contre le marronnage, si cette règle étoit générale. Peu de nègres s'exilent dans les bois, ou s'ils s'y retirent, ils viennent commercer la nuit avec ceux des cases, qui leur fournissent ce qu'ils ont besoin en échange des ouvrages ou des vols qu'ils font. On sent qu'une discipline sévère à cet égard empêcheroit les esclaves des cases de se prêter à ce brigandage, et que les commandeurs surveilleroient ceux qui ne seroient par arrétés par cette considération, autant par la crainte du châtiment qui les menaceroit également, que par l'appât des prises qui leur seroient allouées. Quand on envoie quelques esclaves dans le bois ou ailleurs exécuter un travail isolé, un sous-ordre doit toujours les inspecter ; car livrés à eux-mêmes, ils ne font rien, ou ils travaillent plus pour eux que pour leur maître. Quand on compte avec eux, le mécontentement du planteur les fait appercevoir de leurs torts, et ils prennent la fuite, ce qu'on eût empêché en les faisant surveiller. Il est cependant des travaux qu'on peut taxer, comme scier des planches, des lattes, équarrir des bois, etc. Il suffit alors d'aller ou d'envoyer de temps en temps vérifier les comptes qu'ils vous rendent le soir.

F

Tout planteur vigilant doit avoir un espion adroit qui lui rende compte de ce qui se passe dans ses cases à nègres. Il doit faire choix, pour établir sa confiance, d'un nègre de Guinée, afin que ne tenant à personne il soit plus véridique dans ses rapports. Le planteur doit lui assigner un lieu de rendez - vous où il ira le joindre, et choisir pour cela les heures où il sera le moins en évidence ; et encore, pour rendre cet espion moins suspect, le planteur peut l'établir gardeur d'habitation, et en faisant sa tournée il questionnera son espion. Il est essentiel de dérober à son atelier la connoissance de ces rapports avec l'espion qu'on emploie ; car s'il étoit découvert, sa vie seroit aussi-tôt en danger : rien ne justifie mieux la précaution que la défiance que peuvent en concevoir les esclaves. On s'est fort relâché à la Guadeloupe sur l'usage de donner la chasse aux nègres marrons. Nos pères, plus robustes ou moins sensuels, étoient sans cesse à leurs trousses ; aussi la quantité de ces brigands augmente-t-elle chaque jour, malgré que la condition de nos esclaves s'améliore dans les proportions. Nos jeunes gens devroient reprendre cet exercice, en se faisant suivre par des gens de couleur et des nègres affidés, et harceler les marrons sans cesse : cette activité, jointe à l'augmentation des prises qui viennent d'avoir lieu, diminueroit peu à peu le nombre des esclaves qui s'adonnent au marronnage. Tous les ans, le même jour, il devroit y avoir une chasse générale commandée ; chaque paroisse divisant ses citoyens en trois corps, battroit à la fois les bois, les cases et les bords de la mer : plus de retraite pour les marrons ; en voulant éviter un détachement, ils tomberoient dans un autre, et lors même qu'ils seroient assez heureux pour échapper aux chasseurs, l'exercice qu'on leur feroit faire, les risques qu'ils auroient couru leur inspireroit une telle terreur, qu'ils se rendroient bien vîte à leurs maîtres, à moins qu'ils n'eussent commis des crimes dignes du supplice. D'après toutes ces précautions on pourroit se flatter d'anéantir ces camps nombreux de nègres marrons qui, trop souvent, portent la désolation sur les habitations trop foibles en population ou en voisinage pour les réprimer. Les travaux de culture seroient plus animés, la sécurité prendroit la place des

allarmes; on éviteroit bien sûrement les malheurs qui nous menacent, si nous présageons pour nous le sort subi par plusieurs
colonies. Aujourd'hui sur-tout que la gént philantropique cherche
à souffler le flambeau de l'indépendance sur tous nos esclaves,
nous sommes plus intéressés que jamais à toutes les précautions
qui peuvent tendre à les retenir sous la discipline la plus exacte;
car ils s'essaient durant leur marronnage à faire des incursions
sur les habitations, dont le succès ou l'impunité pourroient les
engager à tenter plus. Planteurs! ouvrez les yeux sur les dangers
qui vous menacent de toutes parts, et sur-tout soyez soigneux
d'empécher l'abord de vos cases à nègres à tout étre suspect.
Je crois méme qu'il seroit à désirer que l'assemblée générale
coloniale décernât une forte peine pour tout blanc arrété dans les
cases à nègres, avec la faculté à chaque planteur de sévir contre
eux; car la présence de ces blancs, au milieu des esclaves, ne
peut qu'étre attentatoire aux bonnes mœurs, si elle ne l'est à
l'ordre public et à la sureté de la colonie. Quand un nègre marron
est pris et condamné à la chaîne, on ne doit pas négliger, tant
que dure sa détention, de l'envoyer tous les dimanches travailler
à son jardin sous la conduite d'un bon sujet qui répond de lui et
qu'on paie: ne lui accordant sa grâce qu'après que son jardin
sera bien planté et qu'il aura des vivres à récolter, on peut espérer
de le guérir de la maladie de déserter; mais il faut que l'inspecteur des jardins à nègres veille à ce qu'il replante à mesure
qu'il arrache des vivres. Tous ces détails sont minutieux; ils
entraînent des soins continuels et exigent la plus grande activité;
mais un jeune planteur doit étre un homme laborieux, s'il a à
cœur de jouir sur ses vieux jours.

Article VII.

Moyens à employer pour encourager la population de son atelier.

Le moyen le plus propre à remplir le but qu'on se propose
dans cet article, c'est de faire en sorte que plus une esclave aura
d'enfans, plus elle ait d'aisance. Pour y parvenir, le planteur

doit augmenter son ordinaire à chaque enfant dont elle accouchera ; bien entendu que les vivres qui lui seront alloués pour ses enfans, ne seront pas compris dans cette largesse, qui cesseroit alors d'en être une.

Quand une de vos esclaves aura six enfans en état de vous rendre quelque service, laissez-la travailler à son profit en continuant à la nourrir. Lorsque vos esclaves seront grosses de quatre mois, faites-les travailler à des travaux légers; quand elles auront sept mois de grossesse, renvoyez-les à leurs cases ; après leurs couches, ne les envoyez au jardin que lorsque leurs enfans auront deux mois ; ce temps sera mis à profit par la mère, et sera avantageux à l'enfant, auquel l'intempérie du temps occasionne bien des maux quand on l'expose trop tôt aux injures de l'air.

Encouragez le mariage qui est l'ame de la population. Si cette méthode étoit adoptée généralement, il y auroit bien plus d'ordre sur les habitations ; les esclaves se porteroient mieux, n'iroient pas aussi souvent marrons ; l'atelier se repeupleroit d'autant plus facilement, que l'on perdroit moins de nègres et qu'il en naîtroit davantage. Un bon esclave non marié a très-souvent sa maîtresse sur une autre habitation ; aussi dès qu'il a rempli sa tâche envers son maître, il vole où l'amour et l'habitude l'appellent ; il passe une nuit laborieuse ; l'heure du travail le surprend quelquefois entre les bras de celle qu'il aime ; il se lève et court à son devoir, affrontant le vent et la pluie qui soufle et tombe sur lui ; leur influence, jointe à la fatigue outrée qu'essuie cet esclave dans une pareille journée, lui occasionnent une maladie et fréquemment la mort. Le mauvais sujet agit différemment en pareil cas ; l'heure du travail arrivant lorsque ses forces sont épuisées, il regarde les travaux, qui ne lui offrent d'autres attraits que des fatigues, comme une tâche impossible à remplir ; en conséquence, il reste dans la case où il a couché, afin de s'y reposer, et faisant ensuite réflexion qu'il s'est rendu coupable envers son maître, il n'ose plus rejoindre l'habitation dont il dépend, et il va marron, entraînant par fois dans sa désertion la compagne de ses plaisirs,

Le nègre marié, au contraire, trouve un bon soupé qui l'attend au sortir du travail ; il le mange paisiblement avec sa famille ; il s'occupe ensuite d'un léger travail dans son enclos (1) quand il ne va pas à la pêche (2) ; il passe la nuit aussi agréablement que son compagnon célibataire, et s'il éprouve les mêmes fatigues que lui durant la nuit, il supporte de moins celle des deux voyages, se trouvant rendu le lendemain où son devoir exige qu'il se trouve.

La négresse mariée est assurée des soins de son mari pour elle et ses enfans ; mais celle qui ne l'est pas, craignant qu'après avoir eu plusieurs enfans de son amant elle ne soit abandonnée, fait ce qu'elle peut pour n'avoir pas une telle charge. Un nègre vit avec une négresse, elle s'en dégoûte et lui donne un successeur ; de là naissent des disputes, des combats, des empoisonnemens, également lorsqu'un nègre désire la possesion d'une négresse qui vit avec une autre. Le mariage obvie à tous ces abus, le nègre respectant généralement les droits que lui donne l'ymen, et il diminue conséquemment les mortalités en même temps qu'il augmente les naissances. Les soins qu'on donne aux négrillons ne contribue pas peu à augmenter la population des ateliers ; je puis certifier cette vérité par mâ propre expérience. Les miens étoient autrefois dans l'état le plus déplorable ; un air triste, un corps décharné, annonçoient qu'ils souffroient, et cet état se trouvoit encore trop attesté par toutes les pertes que j'éprouvois ; je cherchai la cause d'un tel accident et la trouvai réunie dans

---

(1) Chaque esclave jouit autour de sa case d'un enclos dans lequel il s'occupe durant les deux heures de repos qui lui sont accordées à midi, ou les dimanches quand il ne va pas à sa grande habitation, à planter du tabac ; ils en font quelquefois pour cent pistoles dans l'année, quand la récolte est bonne et l'enclos un peu étendu.

(2) Les nègres vont à la pêche à midi, mais outre cela, très-souvent la nuit après leur soupé, ils pêchent à la clarté d'un grand flambeau qui attire le poisson ; le nègre tient son flambeau d'une main et a un dard dans l'autre avec lequel il harponne le poisson qui s'approche.

le peu de soins que j'avois pris de mes négrillons jusqu'alors : depuis cette époque j'ai mis tous mes négrillons sous l'inspection de deux négresses, auxquelles les mères les remettent dès qu'ils sont sevrés. Ces enfans sont livrés le matin à leurs gardiennes, ils sont conduit (au moment où se lève le soleil) à ma ménagère, qui leur donne un petit verre de vin, tant pour fortifier leur estomac, que comme un antidote contre les vers; elle leur donne encore leurs trois repas qui sont apprétés dans ma cuisine, de sorte que je suis assuré que ces enfans sont bien nourris : avant leur dîné, les négresses qui président à leur conservation ont soin de les faire baigner ; elles inspectent leurs pieds pour en faire enlever les chiques, et ont soin de les faire promener ; le soir, ces enfans sont reconduits chez leurs mères, où j'ai soin qu'ils soient couchés sur de bonnes paillasses et non sur la terre, ce qui arrivoit autrefois à ceux dont les mères étoient paresseuses ou abandonnées par les pères de leurs enfans. Tous les mois ces négrillons prennent quelque vermifuge. D'après ces soins indispensables, mes négrillons ont totalement changé, et leur gaieté et leur conversation annoncent que les pertes que j'éprouvois autrefois en ce genre, provenoient de mon peu de soins ; c'est bien là le cas, je crois, de dire *avis au lecteur.*

Article VIII.

Dispositions à faire pour tirer le meilleur parti de son atelier sans fouler ses esclaves.

Le principal talent du planteur doit être la conservation de ce qu'il possède ; toutes les dispositions qui peuvent tendre vers ce but profitable doivent donc être adoptées par lui. J'en ai indiqué plusieurs dans les articles précédens, et je vais continuer à offrir celles que je crois propres à concourir avec elles.

Il est des travaux de différens genres sur toutes les habitations ; les uns sont pénibles, les autres le sont moins ; il est également des esclaves robustes, capables d'exécuter les premiers ; il en est d'autres qui ne peuvent être employés qu'aux seconds : pour tirer le parti le plus avantageux des uns et des autres , il faut les employer convenablement, et on y réussit en formant divers ateliers auxquels on destine les travaux qui leur sont propres, c'est-à-dire, analogues aux forces des esclaves qui les composent.

Les plus grandes habitations peuvent diviser leurs esclaves en trois ateliers , et il suffit d'en avoir deux sur les autres : le premier atelier sera formé par les esclaves les plus robustes; le second, des plus foibles et des convalescens ; et enfin, le petit atelier : mais lorsqu'on n'aura que deux ateliers , le second sera joint au petit.

Dans la première hypothèse, le premier atelier doit être chargé de la fouille des terres, de la coupe des cannes, il fournira au moulin, à la sucrerie, aux charrois; il sera chargé des travaux dans le bois , lespirogues, les cabrouets, l'étuve; il pilera le sucre et il fournira à toutes les gardes de nuit et à la fabrication du manioc; le second atelier exécutera tous les sarclages, les charrois de chauffage pour alimenter les fourneaux, ceux de paille et de terre dans les parcs et les labours qu'ils exigent; il couvrira le plant avec le fumier quand on plantera des cannes; il plantera le manioc avec le petit atelier ; celui-ci amarrera le plant, l'arrangera dans les trous et sillons ; il exécutera tous les premiers sarclages à la main, et il fournira à la goutière du moulin : c'est de cet atelier qu'on tirera les muletiers ; les nourrices ainsi que les convalescens se réunissent au second atelier , et les négresses grosses au petit, tant qu'elles travaillent pour leur maître.

Les esclaves doivent aller au travail à la pointe du jour, déjeûner à huit heures , dîner à onze, y retourner à une heure et aller aux herbes demi-quart d'heure avant le coucher du soleil ; ils ne doivent jamais faire de veillées autres que celles qu'exigeront le service du moulin et de la sucrerie, et celui du moulin à manioc; et afin de leur rendre cette charge moins pénible, il convient de relever les quarts toutes les douze heures.

Dans les grandes chaleurs, je crois convenable , pour ménager la santé des esclaves , de les faire travailler sans relâche jusqu'à onze heures, et leur donner alors trois heures de repos, durant lesquelles la chaleur s'amortira.

Lorsque le temps sera pluvieux, attendez, pour faire sortir vos esclaves, que le soleil vous annonce le retour du beau temps : cette précaution coûtera un peu de temps, mais elle évitera des maladies aux esclaves, qui dédommageront le planteur de cette perte; quand la pluie surprend l'atelier au jardin, faites-le mettre à l'abri s'il est possible; dans le cas contraire, faites continuer le travail afin qu'aucun esclave ne soit victime d'une suppression de transpiration ; mais si le temps paroît décidément pluvieux, faites revenir l'atelier aux cases.

Quand on a des travaux pénibles à exécuter, on doit tâcher de les entreméler avec ceux qui le sont moins, ce qui soulage beaucoup les esclaves; on peut encore adoucir ces travaux en donnant du sirop aux esclaves, avec lequel ils composent une limonade qui les rafraîchit et les soutient. Le planteur ne doit point se réserver un droit exclusif sur son moulin à manioc, car rien n'est aussi pénible pour ses esclaves, que l'action de grager : ils trouveront donc, en usant du moulin, le double avantage d'économiser leur forces et leur temps.

Article IX.

De la tenue de l'hôpital.

Pour peu qu'une habitation soit considérable, le planteur doit avoir chez lui un bon chirurgien. Il se passe peu de jours sans que quelques-uns de ses esclaves n'aient besoin d'un prompt secours, qu'on ne peut souvent leur procurer quand il faut appeler un chirurgien étranger, fréquemment très-éloigné. Un chirurgien sédentaire sur une habitation exige d'ordinaire quatre mille livres d'appointemens : il ne vous en coûteroit, s'il ne venoit que visiter vos malades, que deux mille livres. Il n'y a point d'années où sa présence continuelle ne vous sauve un esclave qui eût péri si vous aviez été obligé d'aller chercher des secours éloignés pour le rappeler à la vie; ce qui prouve que cette précaution, loin d'être dispendieuse, ne peut qu'être profitable.

L'hôpital doit être situé dans un lieu bien airé et à l'abri du vent du nord, qui est généralement pestiféré dans les colonies;

il

il doit être divisé en trois corps de logis, l'un pour les nègres
malades, l'autre pour les négresses, et le troisième partagé entre
les esclaves des deux sexes qui sont convalescens ; car on ne
sauroit douter qu'un convalescent ne soit très-mal placé an milieu
d'une troupe de malades. Le corps de logis des convalescens
doit étre en face ; les deux autres formeront deux ailes non at-
tenantes au premier, mais ayant un intervalle de douze pieds,
afin de faciliter la circulation de l'air ; en avant de ces deux ailes
seront deux petits pavillons, l'un pour les infirmières et l'autre
servant de cuisine. Cette façade sera close d'un mur de quatre
pieds, et son enceinte sera plantée en corrossols, cassiers et ta-
marins, tous arbres propres à l'usage des malades, et on pratiquera
le long des deux ailes, sur le côté extérieur, un jardin dans lequel
les convalescens cultiveront toutes les plantes nécessaires à l'hôpital,
et quand la chose sera possible, on fera circuler dans la salle
des convalescens, ainsi que dans la cour, un petit ruisseau pour
entretenir la propreté dans les salles, fournir l'eau nécessaire
pour les bains et autres commodités des malades. Les salles doivent
être parquetées, balayées et arrosées tous les jours, et parfumées
une fois par semaine dans les temps ordinaires, plusieurs fois par
jour dans les épidémies. L'usage où l'on est de faire des lits de
planches (semblables à ceux qu'ont les soldats dans les corps-
de garde) pour coucher les malades peut s'adopter ; mais il faut
à chacun une paillasse et un drap. Les infimières doivent avoir
ce détail, fournir l'un et l'autre aux esclaves qui entrent à l'hôpital,
et exiger qu'ils les rendent bien lavés le jour qu'ils en sortent.
Deux infirmières ne sont pas de trop sur une habitation qui a
trois cents esclaves, et pour peu qu'il y ait une épidémie qui
augmente le nombre ordinaire des malades, on doit prudemment
augmenter, dans les proportions, les infirmières ; de manière
que les secours soient proportionnés aux besoins, car les soins
sont aussi nécessaires aux malades que la science du médecin.
Les fonctions des infirmières doivent s'étendre sur tout ce qui
embrasse la tenue de l'hôpital ; elles doivent être chargées du linge,

G.

de faire les remèdes et les tisanes ordonnés par le chirurgien ;
de préparer les alimens des convalescens et de régler leurs repas ;
de veiller à ce qu'ils couchent à l'hôpital, qu'ils se promènent
ou travaillent au jardin, qu'ils se baignent, etc. Elles doivent
en outre suivre les malades, observer les accidens, les crises de
la maladie, pour en rendre compte au chirurgien tous les matins.
L'économe ou le maître commandeur doit aller à l'hôpital pour
s'informer si les nègres qui ont dû y entrer s'y sont rendu, et si
leur santé exige qu'ils y restent; ils auront la même attention le
soir et s'informeront alors des convalescens qui doivent aller au
travail le lendemain, pour en rendre compte au planteur, qui désignera l'atelier auquel ils doivent se réunir.

Le mal d'estomac, si commun sur certaines habitations, est
produit le plus souvent par la misère qu'éprouvent les esclaves
qui en sont attaqués ; forcés de coucher sur la terre et de manger toutes sortes de saloperies, faute de pouvoir gagner sur eux
d'exécuter le moindre travail à leur profit, leur sang se décompose,
ils dépérissent peu à peu, ne pouvant remplacer ce que perd
leur sang par une transpiration continuelle. J'ai tâché de prévenir la
cause de ce mal par les conseils que j'ai donnés précédemment,
relativement aux esclaves qui ont besoin de secours; mais j'a-
jouterai ici que l'usage des bons alimens, du vin sur-tout, peut
tirer d'affaire l'esclave qui commence à se ressentir de ce terrible
mal : le meilleur sujet peut cependant s'en trouver atteint; mais
il n'éprouve cet accident qu'après avoir essuyé une maladie grave,
à la suite de laquelle tous les fibres sont relâchés. Cette maladie
n'est pas aussi dangereuse chez ces sortes de gens, attendu que les
causes n'en sont qu'accidentelles, et que le sujet, se secourant
par l'exercice qu'il s'efforce de prendre, et par sa prudence pour
les alimens dont il fait usage, parvient plutôt et plus surement
à surmonter sa paresse et sa maladie. Qu'on ne craigne point
que cette bonne nourriture et le vin qu'on donne aux malades
puissent être préjudiciables au planteur par l'appât qu'il paroît
offrir à l'esclave paresseux pour l'engager à fréquenter l'hôpital;

on ne doit pas conjecturer que celui qui aura chez lui tout ce qui
lui est nécessaire, qui vit dans sa case avec tous les agrémens
que lui offre sa position aisée, l'abandonne pour venir se séquestrer
dans l'hôpital que tous les nègres vaillans ont en horreur : le
planteur ne pourra donc être trompé, dans cette hypothèse, que
par des esclaves paresseux, qu'un excès de misére jette dans
l'abattement, et alors il est trompé sans être dupe. Cet esclave
lui fournit un moyen pour le sauver, dont il peut et il doit profiter sans compromettre la discipline de son atelier. Le planteur
sera dédommagé par la suite d'un sacrifice que lui dicte l'humanité ;
car en suivant une marche contraire, il eût perdu son esclave,
et en le secourant il doit espérer de le conserver et d'en tirer
des services fructueux.

Il est essentiel que le planteur surveille lui-même son hôpital
pour éviter des abus dangereux, telle qu'une négligence de la
part des infirmières, pour saisir le moment favorable pour passer
un remède ordonné à un malade par le chirurgien, ce qui lui
fait manquer son effet et agrave la maladie ; l'attention d'humecter
les malades, de leur faire prendre des bains de jambes, des
remèdes, de changer un cataplasme, etc. ; de là dépend fréquemment la perte ou le salut des malades. Il est donc important
que le planteur s'assure que tout cela s'exécute ponctuellement,
de quoi il ne pourra se convaincre qu'en voyant et questionnant
ses malades et comparant leur dire avec celui des infirmières.

L'hôpital doit être fermé la nuit et la clef dans la case des
infirmières. Si les malades ont besoin de leurs secours, ils doivent
avoir une cloche dans la case des infirmières dont ils tireront le
cordon qui doit être suspendu dans chaque salle de l'hôpital.
Nul convalescent ne doit découcher ; mais il arrive cependant
que les infirmières le permettent à leurs amis ou à ces matadors
suspects qui profitent de cette condescendance pour faire l'essai
de leurs forces auprès de l'objet aimé, ou se dédommager au sein
de leurs familles de la diète forcée qu'ils subissent à l'hôpital ;
de là naît quelquefois l'étonnement où sont le planteur et le

chirurgien, en trouvant assez mal, dans la visite du matin, le
convalescent qu'ils avoient jugé devoir aller au travail à celle du
soir précédent : en visitant l'hôpital la nuit, ou au moment où
on sonne la cloche le matin, on s'assure que cet abus existe ou
non, et cette surveillance tient en haleine les infirmières.

CHAPITRE TROISIÈME.

De la culture des cannes à sucre et de tout ce qui peut contribuer à la perfectionner.

Deux choses doivent principalement fixer le calcul du planteur
dans son plan d'exploitation ; l'une a pour but de faire le plus
de revenu possible, en raison de moyens qu'il peut employer ;
l'autre, de conserver ses esclaves et son bétail, mobiles de sa
fortune ; or, pour y parvenir, il faut qu'il sache borner sa culture
en raison combinée des forces motrices qu'il peut faire agir ; de
manière qu'il ne soit jamais commandé par ses travaux et qu'il
les exécute à propos. Si le planteur ne suit pas cette règle générale,
il plantera beaucoup de cannes, mais il les cultivera mal ; quand
il fera du sucre, ses plantations exigeront des sarclages ; il roulera
dans les pluies et plantera dans le sec : il plantera une pièce de
quatre carrés, et n'aura du fumier que pour deux ; le chauffage
lui manquera, et s'il veut en ramasser, il sera forcé d'arrêter son
moulin, ses cannes n'étant pas assez belles pour que son atelier
puisse les couper et charroyer de pailles ; cependant, les esclaves
dépérissent, ne pouvant pas suffire à un travail toujours forcé,
parce qu'il n'est jamais prévu ni exécuté à propos. Au bout de
l'an ce planteur trop ambitieux s'appercevra qu'il lui eût été plus
profitable de borner sa culture, puisque son revenu auroit été
plus considérable, qu'il eût perdu moins d'esclaves et moins de
bestiaux. Si ce planteur est de bonne foi, il sera forcé de convenir, d'après ce qu'il éprouve, qu'en culture comme en géométrie,

le moins peut donner le plus : l'art du planteur consiste donc à
régler sagement ses travaux et à les combiner pour son plus grand
avantage, non en outrant toutes choses pour prouver son activité,
mais en mesurant avec prudence ce qu'il doit exécuter d'après
les moyens qu'il peut employer; moyens qui doivent être dirigés
de manière que toutes choses se tiennent et se succèdent sans
se heurter. Pour cela, le planteur doit étudier son sol, les difficultés
plus ou moins grandes qu'il éprouve pour le remuer; les besoins
qu'ont ses terres d'engrais; les sarclages qu'elles nécessitent : il
doit savoir enfin qu'il lui faut tant de journées pour en entretenir
les plantations, tant de journées pour les récolter, et, d'un autre
côté, quelle est la quantité de fumier qu'il peut obtenir de ses
bestiaux ; quels sont les charrois auxquels ils peuvent fournir.
Après avoir résumé ces différens apperçus, un planteur sage,
qui se sera convaincu qu'il ne peut cultiver convenablement que
cinquante carrés de cannes, se gardera bien d'en planter soixante,
sachant qu'en agissant de même il écraseroit ses esclaves et ses
bestiaux pour obtenir une moindre quantité de sucre. Il ne doit
point mettre son ambition à dire : Je cultive tant de carrés de
terre avec tant d'esclaves; mais il peut se glorifier de faire beaucoup de sucre avec un atelier médiocre. J'ai connu un planteur
qui fut entraîné à étendre sa culture au delà des bornes que
devoit lui prescrire la prudence par l'exemple qu'il recevoit de
son voisin, qui, avec les mêmes forces, cultivoit avec succès
beaucoup plus de cannes. Mais je lui fis remarquer qu'une
fausse honte ne devoit point le faire travailler au détriment de
sa fortune; et pour consoler son amour-propre, je luis fis observer
que le sol de son voisin étant plus fertile et plus facile à travailler
que le sien, il devoit naturellement planter plus de cannes avec
les mêmes forces. Il est des sols vierges ou privilégiés qui donnent
d'abondantes récoltes avec peu de culture, tandis qu'il en est
de disgraciés qu'il faut amander très-long-temps avant d'en obtenir
de passables.

Le planteur peut donc augmenter les forces motrices dont il

(54)

dispose en les employant à propos; en exécutant tous ses travaux dans les circonstances qui leur sont favorables ; en ne perdant pas un instant du temps de ses esclaves, en évitant d'être occupé d'une besogne quand il faudroit en exécuter une autre : car tel travail qui réussiroit aujourd'hui, deviendra infructueux s'il n'est exécuté que dans huit jours et sous une température différente. Pour éviter ces inconvéniens, il faut non-seulement étudier son sol et ses moyens, mais encore la marche des saisons et combiner toutes ces choses de manière à pouvoir établir un plan de culture invariable, qui aura pour bases toutes ces observations. En agissant ainsi, on fera tout le revenu possible sans fouler les esclaves ni le bétail; les travaux s'enchaîneront, se succéderont sans obstacles, et s'exécuteront dans les saisons qui leur seront propres : mais une fois son plan tracé, il faut le suivre avec constance, et de manière que tous les travaux ayant été exécutés aux époques qui leur sont assignées, le planteur ait quelques jours de bon à la fin de l'année pour les employer en réparations imprévues ou en augmentations d'engrais quand il en aura la faculté ; car le but principal de tous les planteurs doit toujours être d'augmenter cette source féconde de richesses : nulle terre n'est assez fertile pour se passer d'engrais constamment; d'où l'on peut conclure que le planteur qui en fera le plus relativement à ses moyens, sera celui qui obtiendra le plus de revenu dans les mêmes proportions. Ajoutez à cet axiôme, que le sol d'une sucrerie gagne annuellement, lorsqu'il est bien cultivé, ce qu'il perd quand il est mal soigné. J'ai cru ces observations préliminaires indispensables pour servir d'introduction à ce quatrième chapitre qui sera divisé en neuf articles. Le premier aura pour objet la préparation des terres; le second, la manière de planter ; le troisième, les sarclages ; le quatrième, la coupe des cannes; le cinquième, les rejetons ; le sixième, la culture et fabrication du manioc ; le septième, les bestiaux ; le huitième, les engrais ; le neuvième enfin développera le plan de culture que j'ai adopté, le croyant le plus profitable.

CHAPITRE QUATRIÈME.

ARTICLE PREMIER.

De la préparation des terres.

Il est incontestable que les cinq sixièmes des habitations de la Guadeloupe manquent de bras pour leur culture. Il n'est pas moins prouvé que jamais le sol de cette île n'a exigé des travaux plus soignés, vu la grande quantité de vermine qui le désole, et qui semble depuis quelques années se confédérer contre les efforts des planteurs, qu'elle menace d'une ruine totale.

De tous les travaux, le plus pénible sans doute, tant par son activité que par sa durée, c'est la fouille des terres; on ne peut y employer que des esclaves robustes, et leurs efforts bien dirigés sont insuffisans sur presque toutes les sucreries. Un moyen aussi simple qu'économique se présente pour soulager les esclaves, accélérer et simplifier leurs travaux dans presque tous les quartiers de la colonie : pourquoi donc ne l'adopte-t-on pas pour profiter des avantages qu'il offre à ceux qui en usent ? Les bras de l'homme en Europe ne servent qu'à guider la charrue, et à peine peut-il suffire à sa tâche. En Amérique, où les travaux de la terre sont plus multipliés, tant par les sarclagas réitérés qu'exigent les plantations, que par la déterrioration qu'entraînent nécessairement des pluies abondantes sur un sol en amphithéâtre et le genre de récoltes, on dédaigne un moyen assuré de remédier au manque de forces qu'éprouvent presque toutes les habitations. Il est bien prouvé cependant qu'un champ de cannes qui ne coûtera que deux journées de l'atelier pour être planté, lorsque la charrue l'aura préparé, exigera une semaine si on dédaigne cet usage. En labourant en plein, ensuite par sillons, il n'est pas possible que la houe ameublisse davantage le sol; d'où il faut conclure

que les planteurs n'ont aucune bonne raison à alléguer contre le
service de la charrue, et que ceux qui renoncent à son usage
se privent par leur faute d'une augmentation de revenu qui ne
pouvoit leur manquer s'ils eussent mieux connu leurs intérêts.
La célérité des travaux, l'économie du temps ne sont pas les
seuls avantages que procure la charrue pour la fouille des terres ;
il faut encore y ajouter ceux qui dérivent de la faculté d'employer
indifféremment tout son atelier au travail le plus rude de la
culture.

Tout planteur, dont la qualité et le site du sol permettent
l'usage de la charrue, doit donc l'adopter. Après que le champ
a été nettoyé des pailles ou halliers qui le couvroient, et qu'on
a arraché les souches avec la houe, la charrue laboure le terrein
en plein ; ce champ labouré, elle passe successivement dans les
autres, tandis qu'une seconde charrue, attelée avec les bœufs
les moins vigoureux, laboure le premier champ pour y tracer
des sillons, et ainsi successivement vos deux charrues parcourent
tous les champs destinés à être plantés dans l'année, et les esclaves
n'ayant plus qu'à relever les fosses ou à marquer des trous dans
une terre bien ameublie, n'en éprouvent aucune fatique, font
de bon ouvrage, et l'exécutent avec la plus grande célérité. Mais
objectera-t-on, cette préparation exige un retard dans la culture ;
la méthode d'avoir une pièce labourée en plein qu'on sillonne,
tandis qu'on en laboure une autre, demande deux pièces non
plantées ? D'accord ; mais quel est le planteur qui, à la fin de
la récolte, n'a pas deux pièces en jachère dans lesquelles il aura
récolté des vivres pour ses esclaves ? Voilà les deux champs trouvés
sans nuire à la culture. Ces deux pièces doivent être préparées
avant de commencer la récolte : quand elle commencera, on
mettra le plant des deux premières pièces récoltées dans celle-ci,
tandis qu'on préparera les autres, ce qui n'occasionnera ni retard
ni perte au planteur : d'ailleurs, les champs où on a arraché
le manioc étant suffisamment ameublis par leur précédente culture,
ne doivent pas être préparés par la charrue ; il suffit de fouiller

des

des trous dans les anciens sillons, ce qui simplifie encore la culture. A mesure qu'on récoltera une pièce, on doit la livrer à la charrue, de manière qu'en récoltant un champ, l'autre soit préparé à recevoir le plant qu'on y coupe : mais si on se détermine à adopter mon plan, c'est-à-dire à ne couper du plant qu'en avril, on aura presque toutes les terres, destinées à le recevoir, labourées et préparées à cette époque. Les deux façons données aux terres par la charrue détruisent presque toutes les racines d'herbes et de liannes ; mais comme malgré son exécution les plantes parasites peuvent se renouveler, sur-tout celle nommée *bois cabrit*, il est essentiel, lorsque les esclaves marquent les trous ou relèvent les fosses, de faire arracher soigneusement toutes celles qui paroissent, cette précaution simplifiant beaucoup le premier sarclage.

La distance laissée entre les sillons doit dépendre de la qualité du sol, et plus généralement de la mesure du fumier qu'on met sur le plant. On doit s'assurer des distances qu'il convient de fixer dans chaque pièce de terre d'après sa qualité, à quoi on parvient facilement par l'expérience que je vais indiquer. Divisez vos pièces en quatre portions égales; plantez l'une de ces portions à dix-huit pouces de distance, l'autre à deux pieds, la troisième à deux pieds et demi, et la quatrième à trois pieds ; employez la même quantité de fumier, non sur chaque plant, mais dans chacune des quatre divisions; cultivez-les avec les mêmes soins, et à l'époque de la coupe, vous jugerez, par le produit de chacune de ces divisions, qu'elle est la distance convenable pour avoir les plus belles productions dans vos différentes pièces. Une fois que cette expérience aura instruit le planteur de la distance qu'il convient d'observer entre les plants de cannes de ses différentes pièces, il doit s'y tenir constamment jusqu'à ce que son travail ait amandé ses terres, au point de le mettre dans l'agréable nécessité de les éloigner. Pour assurer ses dispositions à cet égard, il doit avoir un tableau dans lequel seront portés, sur des colonnes différentes, le nom de ses pièces, leur toisé, la distance à observer entre les plants, la mesure de fumier employée sur chaque plant, et enfin, le nombre des tombereaux de cent paniers que consomme chaque carré de terre, comme dans l'exemple suivant.

TABLEAU pour la distance à observer entre les plants dans chaque pièce et mesure du fumier qu'elles exigent.

Nom des pièces.	Toisé.	Distances.	Fumier sur chaque plant.	Tombereaux par carrés.	Tombereaux pour toute la pièce.
A	3 et demi.	2 pieds.	1 quart panier	56	196
B	4	2	1 quart.	56	224
C	5 un quart.	2	1 quart.	56	294
D	4 et demi.	2	1 quart.	56	252
E	3 un quart.	2 et demi.	1 cinquième	28 4 cinqu.e	93 6-10.e
F	2 trois quarts	1 et demi.	1 tiers.	33 33 cent,e	366 33-50.e
G	4 un quart.	2 et demi.	1 quart.	36	153
H	5	2 et demi.	1 quart.	36	180
I	3 et demi.	2	1 tiers.	75	262 et demi.
K	4 un quart.	2 et demi.	1 tiers.	48	204
L	3	3	1 quart.	25	75
M	4 trois quarts	2 et demi.	1 tiers.	48	228

Carrés 48, pour lesquels il faut 2,529 tombereaux de fumier.

En suivant un pareil tableau, le planteur ou ses sous-ordres sauront qu'il faut tant de tombereaux de fumier pour planter une telle pièce; que chaque plant doit en recevoir telle mesure; et enfin qu'ils doivent laisser telle distance entre les plants.

Il faut employer le fumier nécessaire pour procurer aux cannes la plus belle végétation profitable, mais non possible; car en outrant la mesure d'engrais dans les cannes, elles deviendroient fougueuses, se renverseroient, leur suc ne seroit point élaboré; de sorte qu'après beaucoup de dépenses (car l'emploi du fumier en est une conséquente) on n'obtiendroit pas plus de son sol qu'il n'eût rendu sans aucun secours; également si on ne fume pas suffisamment, le peu de dépense qu'on a fait est perdu; les cannes s'échauffent, le soleil ayant bien vîte pompé le peu de parties aqueuses qu'une trop foible végétation leur a procuré, et le suc sucré de la canne est alors étroitement lié à une huile

empyreumatique qui le vicie absolument. Il est donc également
prudent d'éviter ces deux excès, puisqu'on sait que trop de fumier
fournit à la canne trop de parties aqueuses et mucilagineuses ,
et que le trop peu l'empêche d'acquérir son point de perfection,
sa végétation n'étant pas suffisante pour balancer les effets du
soleil, qui sublime une trop grande quantité de sa portion aqueuse;
ce qui fait dessécher les cannes, et unit, comme il a été dit,
la portion sacarine trop intimément à l'huile empyreumatique ou
surabondante que contient le vezou.

Mais lorsq'on calcule sur une mesure quelconque de fumier
pour planter les cannes, il faut encore s'astreindre à l'employer
toujours de la même qualité, ou balancer par une plus grande
quantité, ce qui manque à sa qualité; car le fumier bien consommé
fera plus d'effet sur le plant de cannes durant les pluies, employé
à moitié dose, que celui qui sera maigre ou tiré nouvellement
des étables; dans les sécheresses ce sera bien pis encore, car
le bon fumier préservera le plant des atteintes du soleil par son
onctuosité, et le mauvais fumier, au contraire, accroîtra le mal
que doit souffrir le plant des rayons du soleil : aux premières
pluies, les cannes fumées convenablement prendront des forces
journellement et tigeront considérablement, tandis que les autres
étant entièrement desséchées, n'éprouveront aucun effet de ces
précieuses rosées qui viennent fertiliser, dans les mois d'avril et
de mai, les champs couverts de jeunes cannes bien plantées.
Non-seulement cette observation procurera de plus belles productions au planteur qui s'y arrêtera, mais elle augmentera encore
son revenu, en procurant une qualité supérieure à son sucre.
Pour que le planteur retire de son exploitation tout l'avantage
possible, il faut que l'économe, en soignant sa culture, songe
toujours aux intérêts du raffineur.

A mesure que la première charrue laboure en plein, les voitures,
mulets ou les esclaves transportent le fumier nécessaire pour
planter la pièce : ce fumier et déposé en gros tas afin d'éviter
qu'il ne se dessèche et qu'il ne gêne à un certain point l'opération de

la seconde charrue qui doit sillonner le champ. Ces portions de terreins sur lesquelles on dépose le fumier ne peuvent recevoir le second labour ; mais elles ne se ressentent point de cette privation, le fumier y suppléant par l'onctuosité et la porosité qu'il leur procure. A mesure que la charrue qui sillonne dépasse ces gros tas de fumier, les mulets ou le petit atelier, les répartissent en petits tas, sur-tout le terrein sillonné, ce qui facilite et accélère la grande opération de planter, qui doit s'exécuter aussi-tôt que celle-ci est achevée.

Lorsqu'on a dirigé les sillons de l'est à l'ouest, il faut les prolonger l'année suivante du nord au sud, afin de fumer successivement les parties du terrein et de les faire contribuer également aux tributs annuels qu'en exige le planteur. Mais les terreins en pente ne peuvent point permettre cette variété ; les sillons doivent toujours être dirigés transversallement à la pente afin d'amortir l'effort des eaux, qu'on doit, autant qu'on le peut, réunir dans une rigole dirigée, d'après le terrein, de la manière la moins préjudiciable.

Les terreins bas et aquatiques doivent recevoir une autre préparation ; on doit commencer par les niveler lorsque la pente n'est pas assez sensible pour frapper la vue ; ensuite on ouvre de larges saignées pour faciliter l'écoulement des eaux, tant de celles qui sont stagnantes, que de celles qui peuvent se rassembler après une avalasse. On partage la pièce en carrés de dix jusqu'à cent pieds, selon que l'indique la nature du terrein, et on divise ces carrés par des fossés plus larges que profonds, mais suffisans pour contenir les eaux (1). Les saignées et les distributions achevées, on doit labourer le terrein de manière que le milieu de chaque carré s'élève en dos-d'âne, ayant une petite pente sur chaque face. Autant qu'il est possible, on fera bien de planter ces sortes de terrein à plat, c'est-à-dire, sans sillons ; mais si malgré les

---

(1) Je dis plus larges que profonds, attendu que plus ils présenteront de surface, plus le soleil sublimera d'eau, et que son action contribue beaucoup au desséchement des terres.

précautions déjà indiquées , le sol restoit trop humide , il faudroit alors faire de grandes fosses et planter vers le milieu de ces fosses , chaque sillon servant de saignées. Ces terres aquatiques doivent étre plantées à l'approche du sec , et on ne doit enterrer que les deux tiers du plant.

Les terreins humides sont de trois sortes , les uns gras et fertiles , mais trop condensés ; les seconds très-compactes , d'une qualité qui tient beaucoup de la glaise et qu'on a bien de la peine à fertiliser ; et enfin , les terres sablonneuses.

Les deux premières espèces ont besoin d'être divisées par le secours de quelqu'intermède tels que la chaux , la cendre , ou le sable de mer ; les autres s'amandent , lorsqu'elles sont infertiles , avec de la terre ou du terreau ; mais en général tout terrein de cette espèce ayant besoin d'engrais ne doit pas étre cultivé , attendu que son exploitation est trop dispendieuse par la fouille et les sarclages réitérés , pour pouvoir supporter la dépense du fumier : il faut brûler ces sortes de terreins à chaque coupe , en observant de laisser sur le champ (pour exécuter cette opération) le plus de paille possible.

Si les labours réitérés , ainsi que les engrais , contribuent à fertiliser les terres , le repos qu'on leur accorde est un moyen de plus pour y parvenir ; mais je n'entends point par repos , l'usage où l'on est sur bien des sucreries de laisser les champs en friche couverts de halliers ; car ces plantes parasites sont au moins aussi exigeantes que celles qui sont utiles. Le planteur , en suivant ma méthode pour la préparation des terres , donne de nécessité un certain repos à chaque pièce ou l'intervalle nécessaire pour les labourer ; mais je lui conseille fort d'étendre ce repos toutes les fois qu'il le pourra , en mettant un intervalle entre le premier et le second labour. J'ai fait nombre d'expériences sur l'avantage d'accorder du repos aux terres , dont tous les résultats m'ont confirmé le succès de cette méthode ; une année entr'autres , j'en fis l'essai sur deux pièces d'une qualité semblable , l'une située dans le haut de mon habitation , et l'autre sur le bord de la mer ;

ces deux pièces reçurent deux labours dans l'espace de six mois qu'elles reposèrent , et les plantant ensuite sans aucun engrais , j'en obtins de superbes productions; mais les cannes du terrein qui avoisine la mer furent supérieures aux autres; j'en cherchai la raison et je crus la trouver dans l'effet des embruns qui déposoient continuellement des sels marins sur cette terre bien ameublie. Cette observation m'excita à une nouvelle expérience. Je fumai une pièce voisine en jetant dans chaque trou, avant d'y déposer le plant, un demi-pot d'eau de mer; j'eus de très-belles cannes , et ayant récidivé depuis lors cet essai, je m'en suis toujours bien trouvé: en général on peut établir que dans un terrein passable , le repos de six mois et les deux labours opèrent en faveur des cannes le même effet que la mesure de fumier ordinaire. Quand un champ de cannes est récolté, qu'on en a enlevé le plant , il faut le débarrasser des pailles qui le couvrent et qui gênent l'action de la charrue : chaque planteur a sa méthode de procéder à ce travail; les uns brûlent les pailles , les autres les font enlever, soit pour le chauffage, soit pour le fumier, et y procèdent de deux manières: ils les font enlever par leurs esclaves , ou le charroi s'en fait par les voitures ; cette dernière méthode est infiniment meilleure lorsqu'on ne brûle pas, ce qui est cependant nécessaire de temps en temps, comme je l'observerai; mais il faut exécuter ce charroi aux moindres frais possibles. Après qu'on a enlevé les pailles nécessaires pour suppléer aux bagasses qu'on brûle dans les fourneaux de la sucrerie, on profite du reste pour le fumier, et on le transporte de la manière suivante: on divise ses pièces en trois portions égales, et on commence par mettre en paquet toutes les pailles de la première portion qu'on jette dans les lisières; j'en fais autant de la seconde, et je laisse ces pailles sur le terrein: dès que la charrue a travaillé une journée , je commence le charroi du fumier ; et les tomberaux, au lieu de retourner à vide aux étables, se chargent des pailles de la seconde portion, qu'ils enlèvent dans le même intervalle qui leur est nécessaire pour fumer la première; on met successivement toutes les pailles en paquets, et les tombereaux les transportent de même aux étables ; et lorsqu'ils fument la dernière portion, ils enlèvent les pailles de la première déposées dans les lisières ; par ce moyen toutes les pailles sont transportées sans que leur charroi détourne les esclaves ni les bestiaux.

La quantité de vermine qui désole le sol des colonies, doit engager le planteur à brûler, de temps en temps, les pièces de cannes qu'ils ont récoltées avec l'intention de les labourer, ce qui doit s'exécuter tous les trois ans ou toutes les fois qu'on apperçoit des pucerons ou des fourmis ; mais alors il faut dessoucher avant de brûler, ce qui rend cette opération plus fructueuse. Les planteurs qui n'emploient pas la charrue, font fréquemment un autre usage de ces pailles ; ils les enfouissent dans la terre en la fouillant à la houe. Un planteur qui auroit perdu ses bestiaux, et qui n'auroit conséquemment nul moyen de faire ni de transporter du fumier, feroit sagement sans doute de recourir à cette méthode pour amander et ameublir ses terres ; car, quoique ce véhicule soit bien borné, il ne laisse cependant pas d'opérer à la longue ; mais je conseille à tous les planteurs qui ont la faculté de convertir leurs pailles en fumier, de ne point les enfouir en nature, si ce n'est dans les pièces récoltées en cannes qu'on replante en manioc, et encore faut-il alors laisser ces pailles deux ou trois mois sur le champ avant de les enfouir : quant à exécuter cette opération dans les champs destinés à recevoir du plant de cannes, j'y vois plusieurs difficultés et sur-tout lorsqu'on se hâte de les travailler. 1.º Si les cannes que vous avez coupées étoient infectées de pucerons, vous verrez les jeunes plants naissans couverts de cette dangereuse vermine. 2.º Si on a apperçu des fourmis dans les souches, elles pullulent à leur aise sous ces pailles. 3.º En continuant toujours cette méthode, vous ameublirez tellement votre sol, qu'il n'aura plus de consistance. 4.º Enfin, l'onctuosité que procure au sol la putréfaction de ces pailles est si peu de choses, qu'en comparant leur effet à celui de la même quantité employée en fumier, on sera entièrement de mon avis.

Une fois le terrein labouré et sillonné par la charrue , il est question de donner la troisième préparation qui s'exécute à la houe, soit pour planter en trous , soit pour planter en sillons. Si on fait usage de la dernière méthode, les esclaves rangés parallèlement aux sillons formés par la charrue relèvent les fosses avec la houe , c'est à-dire, qu'ils écrasent les grosses mottes et ouvrent les sillons dans le fond avant que d'y établir le plant ; mais si on préfère l'autre manière, un nègre ou deux , suivant les dimensions , entrent dans chaque sillon formé par la charrue, et marquent, en reculant, les trous qui doivent recevoir le plant, ce qui s'exécute en mordant sur les fosses également des deux côtés. Tout laboureur instruit doit savoir que le joug auquel sont assujettis ses bœufs, doit être travaillé en raison de la distance à donner à ses sillons. Laquelle de ces deux méthodes est la meilleure ? L'expérience seule doit décider le planteur pour l'une ou pour l'autre. Je crois cependant que la terre étant bien ameublie par les deux labours qu'elle a essuyés, on peut planter en trous sans inconvénient, ce qui facilite le travail.

Article II.

Manière de planter les cannes.

Si vous plantez en sillons , vous disposez vos plants à une distance égale à celle que marque votre tableau des distances, observant de les placer de manière que les yeux (bourgeons) se trouvent sur les côtés, à quoi l'on fait généralement peu d'attention, avec d'autant plus de tort, que cette précaution ne nécessite aucune peine et contribue beaucoup aux succès de vos travaux. Le plant placé, on met le fumier dessus (1) ; on couvre ensuite le fumier en détachant un peu de terre des deux côtés de la fosse, et la rappelant avec la houe. Il faut observer de

---

(1) L'expansion des racines est horisontale , et elles cherchent toujours la superficie de la terre.

très-peu

très-peu couvrir le plant dans la saison pluvieuse, et d'avantage
à mesure que le sec se fait sentir. On suit la même méthode
quand on plante en trous, avec cette différence qu'on se sert
des intervalles qui les séparent pour couvrir le fumier. Le grand
atelier relève les sillons, on marque les trous dans la terre qu'a
préparée la charrue, tandis que le petit atelier arrange le plant:
lorsque le premier est parvenu au bout du rang, il abandonne
la houe pour prendre le panier et répartir le fumier sur le plant,
d'après la mesure indiquée par le tableau des mesures de fumier
nécessaire à chaque pièce. Ces deux opérations achevées, les
deux ateliers se réunissent pour couvrir le fumier, afin d'achever
promptement ce travail et d'éviter que le soleil ne dessèche le
fumier. Il est de la plus grande importance de n'employer que
du fumier bien fait (consommé). Nombre de nos agriculteurs,
trompés par ce qui se pratique en Europe négligent ce précepte;
mais qu'ils réfléchissent qu'en Europe les engrais déposés dans
les champs avant l'hiver, essuient le froid qui règne dans cette
saison, que la neige les couvre long-temps, et que ce secours
amande considérablement le fumier imparfait; mais si on en usoit
ainsi en Amérique, où le fumier est mis de suite sur le plant et
sous un ciel brûlant, on manqueroit son but, attendu que le
fumier destiné à secourir les plantes, ne peut opérer cet effet,
sur-tout dans le sec, qu'autant que sa grande chaleur est tem-
pérée par son onctuosité. On conçoit que le plant qui lève très-
difficilement dans le sec, lorsqu'il ne redoute que la chaleur de
l'atmosphère, réussira rarement lorsque celle provenant d'un
fumier très-sec, que la moindre rosée fait fomenter, sera ajoutée
à la première (1).

En général, quelque précaution qu'on prenne en plantant, il
est dangereux de s'occuper de cette besogne pendant le sec. 1°.

_____

(1) On peut modifier cet inconvénient par une précaution qui, quoique
dispendieuse, ne laisse pas que d'être profitable en arrosant le fumier dans
la pièce au moment de l'employer.

Le meilleur plant peut tromper vos espérances, tandis que le plus médiocre remplit votre but pendant les pluies, pourvu qu'il ne soit pas trop couvert. 2°. La terre est infiniment plus difficile à remuer lorsqu'elle est condencée par le sec. 3°. Des cannes qui essuient un long sec, six semaines ou trois mois après qu'elles sont plantées, sont infiniment moins avancées à quinze mois que celles qui, plantées trois mois plus tard, n'auront pas souffert de la sécheresse. Ajoutez à cela les recourrages auxquels vous êtes exposé plantant dans le sec; la différence de produit d'une pièce recourrue, avec celui des pièces qui ne l'auront pas été; et enfin, le temps perdu pour exécuter ces recourrages ruineux. 4.° Dans la saison pluvieuse, le fumier médiocre opère toujours un bon effet s'il n'a pas autant d'énergie que celui d'une meilleure qualité. 5.° Les cannes plantées depuis avril jusqu'en août exclusivement, éprouvent une succession de pluies qui les fait végéter avec vigueur; de sorte qu'en février, époque critique pour les jeunes cannes, celles-si sont assez fortes et assez touffues pour résister à l'action du soleil et en garantir le sol; auquel ces plantes conservent assez d'humidité pour en obtenir une nourriture suffisante. Il n'en est pas de même de celles plantées plus tard, et sur-tout en octobre et novembre; quand le sec se fait sentir, leurs tiges sont foibles, leurs touffes n'ombragent point la terre; de sorte que le soleil agissant sur la plante à laquelle il donne de nouveaux besoins, et sur le sol dont il diminue les moyens, les cannes se dessèchent et ne reprennent que bien difficilement leur première vigueur.

Précautions à prendre et surveillance du planteur contre la vermine qui desolle les cannes à sucre.

Le planteur ne sauroit prendre trop de précautions contre ces dangereux insectes, qui viennent sans cesse chercher à nuire à ses travaux en attaquant ses récoltes. Il en est de plusieurs espèces, toutes infiniment dangereuses; les plus redoutables sont le puceron, la fourmi, le vers ou roulleux, et la chenille.

On distingue trois espèces de pucerons, le noir, le jaune et le grain de riz. Cet insecte destructeur se multiplie à l'excés, et d'autant plus facilement, qu'il n'a pas besoin du concours des deux sexes pour pulluler. Le puceron noir est le plus commun, mais heureusement le moins nuisible; on le voit s'attacher aux feuilles des cannes après un long sec ou une continuité de pluies; et une saison contraire à celle qui le produit suffit pour le détruire sans que les cannes en souffrent. Il n'en est pas de même du puceron jaune; son séjour sur les cannes est quelque-fois très-long, et cet insecte résiste à tous les moyens qu'on peut tenter contre lui; le seul qui réussise doit être employé sur le sol. Le puceron jaune pompe toute la substance des cannes, aussi voit-on leurs feuilles enduites d'une matière siro-teuse qui s'attache aux mains, aux habits de ceux qui les traversent. Dans cet état, la souche ne peut que languir; ses feuilles se desséchent et tombent, et la canne finit par mourir quand elle est jeune, et lorsqu'elle approche du moment d'être récoltée, et qu'on veut en faire du sucre, le suc en est tellement vicié qu'il est presque impossible de le fabriquer. On conçoit, d'après ce tableau, combien il est conséquent de s'opposer aux progrès de cet insecte dès qu'on s'apperçoit qu'il s'est introduit dans une pièce de cannes. Comme il suspend entièrement la végétation, et que par ce moyen il détruit la canne, tout ce qu'on peut employer pour la ranimer doit être fructueux; mais la chose est bien plus facile dans les jeunes plantations que dans les cannes presque bonnes à récolter. Des essais différens que j'ai faits, je ne rendrai compte que de ceux qui m'ont réussi assez constamment pour me mettre à même d'en garantir le succès. Lorsque les cannes sont naissantes, leurs tiges sont trop foibles pour qu'on puisse rien tenter pour les délivrer de cet insecte; on se borne alors à attendre patiemment que le temps décide de leur sort. Si en acquérant de l'âge, les cannes sur-montent cet obstacle, ce qui arrive fréquemment (1), on s'en

---

(1) La canne très-jeune ou encore en herbes ne contient point de su

I 2

applaudit : dans le cas contraire, on a recours au moyen que je vais indiquer. Les cannes de trois jusqu'à cinq mois sont celles sur lesquelles on peut opérer plus surement : on les dépouille avec soin en enlevant toutes les pailles qu'on brûle dehors la pièce ; on laboure le terrein à la houe, de manière à soulever et châtrer les racines. Cette opération donnant une nouvelle porosité au sol, doit donner un nouveau véhicule à la végétation : l'expansion des racines de la canne s'opérant mieux, elles trouvent une nourriture plus abondante, et sont à même, par conséquent, de mieux sustenter les tiges. Il est assez ordinaire que cette opération, exécutée dans les pluies, soit suffisante pour chasser les pucerons ; mais s'ils résistent malgré ce secours, il ne faut pas hésiter à arroser les racines avec une décoction de fumier dans l'eau de mer ; ce moyen ne m'a jamais failli. Quand les cannes sont grandes, il faut les épailler aussi-tôt qu'on présume une pluie prochaine (1), et les récolter pour peu qu'elles soient assez avancées pour le permettre. Dès qu'on apperçoit des pucerons à grain de riz dans un champ de cannes, il faut le récolter sur le champ pour peu que les cannes soient assez avancées pour en obtenir du sucre ; ne point couper de plant, et faire brûler à mesure la portion qu'on coupe chaque jour : mais n'importe à quel âge les cannes sont attaquées de ce cruel insecte, il faut mettre le feu dans le champ infesté, et ensuite raser les souches ; car le puceron à grain de riz ne se détruit pas une fois qu'il est dans les cannes, et en voulant temporiser, on court le risque de voir son habitation infestée en entier ; d'ailleurs, pour peu que cet insecte séjourne dans les cannes, il est impossible d'en extraire du sucre.

---

sucré. Dans un âge plus avancé, le sirop que pompent les pucerons attire une légion de fourmis, ce qui rend le mal plus difficile à guérir.

(1) Les variations qu'éprouve l'atmosphère influant nécessairement sur les travaux de culture, il est important que chaque planteur ait un bon baromètre.

Les fourmis soutiennent les pucerons dans leur attaque, et très-souvent elles font la guerre aux cannes sans auxiliaires. Le climat contribue beaucoup à l'accroissement de cet insecte, et la sécurité du planteur l'empêche d'y porter obstacle : pour peu qu'il songe cependant aux ravages qu'il a faits dans les îles voisines, il sentira combien il lui importe d'en arrêter les progrès. Avant de songer aux moyens à employer pour détruire cet insecte, il convient d'examiner les précautions qu'on doit prendre pour ne pas contribuer, par sa faute, à le multiplier ou à l'attirer dans ses cannes. Plusieurs planteurs ont l'habitude de jeter leurs petites bagasses, ainsi que la terre qu'on sort de dessous le sucre, dans leurs parcs (étables), et l'une et l'autre de ces substances étant imprégnées de particules sucrées, doivent nécessairement y attirer les fourmis très-friandes du sucre; d'autres font ramasser les immondices entassées aux environs du moulin, de la sucrerie et des cases à bagasses, les font transporter dans les parcs, et les mêmes causes produisent encore les mêmes effets. Des cannes mal entretenues, excessivement chaussées, sont encore exposées à être plus attaquées par cet insecte qui, trouvant une niche telle qu'il peut la desirer, et n'y étant point inquiété, en prend possession avec empressement et y pullule avec sécurité. En général, la fourmi se niche dans la terre à une certaine profondeur inaccessible à la charrue et à la houe, dans les labours ordinaires; mais après que la terre a été labourée, on apperçoit sur sa superficie des indices certains des retraites de cet insecte, et alors on doit les chercher avec soin, en faisant fouiller (par-tout où l'on remarque de la terre pour ainsi dire tamisée et amoncelée) de grands trous qui pénètrent jusqu'à leurs œufs; une fois qu'on les a découverts, il faut y jeter des pailles auxquelles on met le feu, remuant les charbons et la terre, et réitérant cette opération jusqu'à ce que les œufs soient détruits : tels sont les moyens à employer pour éloigner ce dangereux insecte; mais quand il se fait remarquer dans les cannes, il n'est pas aussi facile de le détruire ; on doit alors le tenter en labourant souvent toute la terre qu'on peut soulever : la fourmi, qui n'aime pas à être inquiétée, abandonne ordinairement le canton où on la persécute pour aller s'établir ailleurs. Si ce moyen ne réussit pas, il faut essayer d'arroser les places où on les remarque, avec une décoction d'eau de mer et de chaux vive.

Le vers roulleux n'est pas moins nuisible que la fourmi ; ses ravages anéantissent les plus belles récoltes, mais ne se propagent pas comme celui occasionné par le puceron : cet insecte attaque la canne dans la racine et la pénètre en remontant de la souche vers les premiers nœuds ; la canne se dessèche et meurt, et telle pièce estimée devoir rendre mille formes de sucre, n'en donne pas cent. Lorsque cet insecte s'attache à sa destruction, on doit, ainsi qu'il a été conseillé pour les fourmis, leur faire la guerre, en préparant le sol à recevoir le plant : pour cela, lorsqu'on dessouche, il faut bien pulvériser toutes les mottes de terre et ramasser soigneusement les roulleux qui s'y sont casernés ; mais une fois les cannes plantées, si on ne peut s'en défendre par ce moyen, il en est d'autres qu'on peut employer ; tels sont une décoction de chaux vive sur les racines, des tas de fumier bien consommé répandu en plusieurs endroits. La chaux vive tue le roulleux qu'elle approche ; et très friands de la substance grasse que contient le fumier, ils abandonnent la canne pour chercher, dans les différens tas de fumier, l'appât qu'on leur offre. En remuant tous les jours ce fumier, on détruit beaucoup de roulleux, sur-tout quand on fait usage de ce moyen dans le sec, et qu'on a la précaution d'arroser le soir ces tas de fumier.

De tout temps la chenille a été connue à la Guadeloupe ; mais celle qui attaque la canne étoit si rare, qu'on n'y faisoit point attention ; elle détruisoit le cœur de quelques jeunes tiges, mais le dommage étoit si peu conséquent, qu'il n'arrêtoit pas même l'observateur. Mais en 1785, cet insecte pullula si fort, qu'il anéantit en partie la récolte dans plusieurs quartiers : en 1786, les ravages s'étendirent dans toute l'île, qui est encore affligée

de ce fléau. Cette chenille, qui est armée d'un dard en forme
de vilebrequin, s'introduit dans les jeunes cannes vers la naissance des feuilles, pénètre par-là dans la tige qui, après avoir
été percée, se fane et meurt : dans les cannes plus avancées,
cette chenille les attaque par-tout, les fore en différens endroits,
et au lieu d'une pulpe juteuse, quand on veut récolter ces cannes, vous ne trouvez sous leur écorce qu'une poussière semblable
à de la sciure de bois. Je ne connois aucun moyen profitable
pour détruire cet insecte dans les cannes avancées, attendu que
se réfugiant alors dans le roseau, il y reste a l'abri de toute
insulte; mais dans les jeunes plantations, j'ai réussi à le détruire,
en introduisant dans le cœur des cannes (la tige) une pincée
de chaux vive. Plus la canne est forte et tendre, et plus cette
chenille l'attaque, opérant plus facilement sa destruction avec
son vilebrequin. On a tenté de brûler les pailles après la récolte,
et on s'applaudissoit de ne point voir les jeunes rejetons attaqués
par cet insecte après cette opération; mais ce succès n'a enivré
qu'autant qu'il a fallu de temps aux observateurs pour s'assurer
de la métamorphose que subissoit l'insecte devenu papillon après
la récolte, et retourné ensuite à sa première forme pour renouveler
ses ravages.

Article III.

Des sarclages.

Ce n'est pas assez de bien planter les cannes, il faut les cultiver
avec soin, et selon que l'exige le sol ou la saison; car tel
champ de cannes, dans telle saison, ne demandera que trois
sarclages, tandis qu'un autre dont le sol sera différent, ou dont
les plantations croîtront dans une saison opposée, en exigera cinq.
Pour ne point se tromper, il faut réitérer les sarclages chaque
fois que les herbes se renouvellent; secourir les cantons où
languit la végétation, par une addition d'engrais, et ne rien
négliger pour procurer aux cannes la plus belle végétation profitable. En général, quatre sarclages suffisent aux cannes; le

premier s'exécute dés qu'elles sont embarrassées par les herbes; on ne doit employer à ce premier sarclage que le petit atelier, qui l'exécutera à la main: la terre étant encore très-meubles, on arrache les herbes avec leurs racines, ce qui simplifie et retarde les autres sarclages, et on ne répand point de terre dans les sillons ou les trous, ce qui facilite le développement des tiges: on profite de cette première façon pour recouvrir la pièce ou remplacer les plants qui ont manqué.

Le second sarclage, ou le premier à la houe, se donne encore quand les herbes gênent les cannes : comme on n'a plus besoin alors de souches pour recouvrir la pièce, on les pulvérise avec la houe afin d'enlever un asile aux insectes; c'est alors qu'on passe du fumier dans les cantons maigres. Le troisième sarclage s'exécute quand les cannes commencent à nouer ou à se sucrer; on arrache les herbes avec soin; on détache les pailles, on rabat dans les sillons un tiers des fosses. Le dernier sarclage doit se donner, dans des circonstances ordinaires: quand les cannes ont de huit à dix mois, on arrache encore les herbes et les pailles; on casse tous les jets naissans développés trop tard pour donner du sucre, mais qui enlèvent une partie de la subsistance destinée aux cannes utiles. Si la végétation ne paroît pas assez active au planteur, il doit chercher à lui donner de l'énergie en rabattant encore un tiers de fosses dans les sillons; hors ce cas, il s'en dispensera afin de réserver ce secours aux rejetons. Il est des planteurs qui font donner encore une façon aux cannes après-celle-ci, non pour les débarrasser des herbes, car la précédente ayant été bien exécutée, les cannes ombrageant la terre, il est impossible qu'elles repoussent; ce sarclage n'a donc pour but unique, que de réitérer l'épaillage. Cette opération peut être utile ou nuisible selon les circonstances, et ne doit par conséquent pas s'exécuter au hasard ou habituellement. Qu'on se rappelle la nécessité que j'ai démontrée d'un accord parfait entre l'économe et le raffineur; c'est cette harmonie, ou le désir que doit avoir l'économe de servir le raffineur, qui doit déterminer ce travail; car il n'opère rien sur

la

(73)

la beauté des cannes, n'agissant que sur la qualité de leurs sucs.
Si donc, on remarque dans la canne une végétation trop active,
(effet produit par un sol riche, une trop grande abondance de
fumier, ou une année trop pluvieuse) qui fasse craindre qu'au
moment de la coupe ses sucs ne soient pas assez élaborés, la
surabondance des parties aqueuses dérangeant l'équilibre de ses
parties constituantes, ce qui s'annonce par une écorce verdâtre,
l'épaillage est alors bien indiqué et devient nécessaire, en ce
qu'il écarte tout intermède entre la plante et le soleil, et que les
rayons de cet astre la frappant directement, subliment plus facilement la portion aqueuse surabondante qu'elle contient, et
donne plus de corps à la partie sacarine. Mais d'après ce raisonnement, on doit conclure que lorsque les cannes sont dans un
état différent, que la végétation n'a rien de trop actif, elles ne
doivent rien perdre de leur portion aqueuse. C'est déranger l'œuvre
de la nature que de l'obliger à un travail qui n'est indiqué ni par
elle ni par le raffineur. Si l'économe ne sent pas la justesse de
cette observation, et qu'il épaille les cannes dans cet état, qu'en
résultera-t il ? Les sucs de la canne seront viciés. L'action du
soleil, agissant sur celles-ci comme sur les précédentes, au lieu
de sublimer une portion aqueuse nuisible, fera perdre à la canne
celle qui lui étoit nécessaire, et de cette action résultera encore
une combinaison plus intime de la partie sacarine avec le mucilage et l'huile empyreumatique. Quand les cannes sont jaunes,
il faut donc bien se garder de réitérer l'épaillage après le dernier
sarclage, puisque ce seroit ajouter à la perte d'une façon inutile
celle d'une partie du produit des cannes qui la recevroient.

ARTICLE IV.

De la coupe.

On ne doit point s'arrêter impérativement à l'âge des cannes
pour les récolter ; le planteur les visitant fréquemment, juge
qu'elle est la pièce qui doit être récoltée la première, et ainsi
successivement : tant que les cannes croissent, on doit les laisser

K

sur pieds , mais dès qu'elles cessent leurs progrès , qu'elles se renversent ou éprouvent quelqu'autre accident qui peut se propager , il ne faut pas hésiter (la pièce dans cet état étant moins ancienne que deux ou trois autres) d'y mettre la serpe ; il est d'ailleurs très-possible que des cannes de quatorze mois trop fumées , ou cultivées dans un sol plus riche , soient plus avancées que d'autres qui auroient seize mois.

On regarde généralement l'opération de la coupe comme très-indifférente ; elle ne laisse cependant pas d'imposer des soins. On doit observer 1.º de couper les cannes le plus près de la souche qu'il est possible , ce qui donne à cette souche une nouvelle vigueur pour développer les rejetons qu'on peut en exiger ; 2.º de bien nettoyer la canne des barbes (filandre) et de la terre attachées à ses premiers nœuds, lesquels , sans cette précaution, s'introduisent dans le vezou et le vicient; 3.º de ne laisser qu'un nœud aux plants de cannes ordinaires , et deux à ceux qui sont donnés par ces cannes fougueuses qui croissent dans des terreins humides ou trop fumés. Si vous en laissez davantage dans les premiers , c'est un sacrifice en pure perte ; mais dans les seconds il est nécessaire , tous les nœuds de ces cannes n'ayant point de bons bourgeons ; d'ailleurs ces derniers nœuds ; dans de telles cannes , sont moins chargés de sucre que d'eau et de mucilage , et leur absence , lors de la fabrication , ne diminue rien à la quantité , et perfectionne la qualité du sucre. 4.º Le planteur et tous ses sous-ordres doivent visiter le parc à cannes toutes les après-midi , pour s'assurer, par la quantité des cannes qui s'y trouvent déposées, comparée à ce qu'il y en reste de coupées à la pièce, qu'il en a suffisamment pour alimenter le moulin jusqu'au lendemain , et que les voitures en trouveront une charge pour le premier voyage du matin , qui doit s'exécuter à la pointe du jour : sans cette précaution , on court le risque de manquer de cannes ; le moulin et la sucrerie s'arrêtent, ou du moins les cannes ayant été toutes charroyées le soir , les voitures étant obligées d'attendre le lendemain, celles que l'atelier coupe fraîchement perdent leur avance sur le moulin ; il faut faire lever les esclaves beaucoup plutôt et écraser les bestiaux pour regagner cette avance si nécessaire ; et malgré tout cela, il est souvent difficile de la leur redonner, quand la pièce que l'on récolte est éloignée des bâtimens ou que les chemins sont mauvais. Cette règle est surtout importante sur une habitation foible en esclaves ou en bestiaux. 5.º En coupant les cannes, on remarque les cantons où elles sont moins belles, afin d'y déposer du fumier en transportant les pailles ; ce qui donnera aux rejetons de ces cannes une vigueur égale à ceux du reste de la pièce.

Article V.

Des rejetons.

Une ancienne erreur a proscrit les rejetons dans des quartiers entiers ; et sur bien des habitations isolées, on étoit convaincu, qu'un sol ordinaire n'en pouvoit produire de beaux ; que dans les plus riches, il étoit préférable de replanter à chaque coupe ; et qu'enfin, on ne devoit voir des rejetons que sur des habitations mal cultivées. J'ai été, ainsi que bien d'autres, victime de cette erreur, mes premiers essais (car j'en ai fait sur tout autant qu'il ma été possible) n'ayant pas encouragé cette culture chez moi. Mais lorsque les chenilles commencèrent leurs ravages , ennuyé de planter (en fumant comme de coutume) sans faire de revenu , tant mes cannes étoient viciées par ces insectes ; frappé d'ailleurs de voir les cannes cultivées sur des costières très-maigres , moins endommagées que celles plantées dans un sol meilleur, je cherchai à découvrir la cause de cette différence , que je jugeai devoir dépendre d'une écorce plus ou moins dure ; car plus la canne est sèche, moins sa tige se développe, et plus son écorce est dure. Or, les cannes des costières étant plus sèches que celles produites par un sol humide et gras, je conclus que la chenille ayant plus de peine à la forcer, l'abandonnoit pour chercher sa pâture dans les autres, qui lui présentoient un travail moins pénible. Le rapport entre l'écorce de ces cannes

cultivées sur les costières, et celles des rejetons, me persuada
que je devois encore en tenter la culture dans la circonstance où
je me trouvois, et je m'y déterminai : mais en conservant des
rejetons, je les cultivois avec le plus grand soin, sans avoir, sur
leur produit, des espérances bien précises. Qu'on juge de ma
satisfaction, lorsqu'après n'avoir récolté que deux cents formes
dans une pièce de quatre carrés et demi, la première que je
laissai en rejetons, la seconde coupe m'en produisit cinq cents.
Je fus tenté de crier au miracle, et j'avouai que si j'avois con-
tinué mes premiers essais, que j'eusse cultivé mes rejetons d'autres
fois avec le même soin que ceux-ci, je ne m'en serois pas déclaré
le détracteur comme tant d'autres ; et comme j'ai toujours pensé
qu'on ne gagne rien à être entêté lorsque le raisonnement ou
l'expérience prouvent qu'on a tort, je changeai d'opinion sur
les rejetons ; j'en cultive constamment depuis cette époque, et
ils m'ont toujours donné de cent dix à cent trente formes, et
souvent jusqu'à cent cinquante par carré. Malgré ce que je viens
d'avancer en faveur des rejetons, je suppose que je ne persua-
derai pas tout le monde, et qu'on pourra se croire convaincu
qu'il vaut mieux replanter un carré de cannes, devant produire
de cent cinquante à cent quatre-vingt formes au carré, que de
laisser venir des rejetons supposés n'en produire que cent vingt
ou cent trente. Cette spéculation sera profitable au planteur qui
a suffisamment d'esclaves pour bien cultiver son domaine ; mais
celui qui manque de forces se trouveroit très-mal de dédaigner
les rejetons. Comme il faut convaincre pour persuader, je vais
le tenter par un tableau comparatif des dépenses et produit d'un
carré de cannes et d'un carré de rejetons.

Pour planter un carré de cannes dans un terrein ordinaire,
vous employez cinquante tombereaux de fumier, contenant cinq
mille paniers. Quelque vigilance que mette votre atelier à l'exécution de ce travail (je le suppose de cent esclaves sous la houe)
il vous faudra une journée pour le fouiller, le planter et le
fumer, malgré la préparation de la charrue, ci. . . . 100 journées.

Montant des journées ci - contre , ... 100 journées.

Je suppose votre pièce à planter à une distance moyenne de vos étables, ce qui permettra à vos tombereaux huit voyages par jour, le charroi vous coûtera six jours, supposant que l'atelier, dans les deux voyages qu'il fera dans le jour, complettera les cinquante exigés. Six journées de tombereaux coûtent douze journées de nègres, ci, ... 12

Je suppose encore que le plant que vous emploierez soit à portée de la pièce à planter : ce charroi se fait d'ordinaire à dos de mulets ; chaque mulet porte vingt paquets ; le paquet contient seize plants. Je vous accorde dix voyages par jour ; le charroi coûte , . . 14

Il faudra quatre sarclages à vos cannes, que je suppose coûter l'un dans l'autre un quart de journée de l'atelier, et pour les quatre , ... 100

TOTAL , ... 226 journées.

Pour faire les traces nécessaires pour brûler un carré de rejetons, il faut deux heures du travail de l'atelier, ou le sixième de la journée, ci, ... 17 journées.

La charrue laboure les sillons, ce qui tient lieu d'un excellent sarclage, et j'aurois bien des journées à revendiquer pour cela, que je ne compte pas ; vingt tombereaux de fumier pour améliorer les cantons foibles ou ceux endommagés par les charrois, exigent deux journées et demie du tombereau , ou cinq journées , ... 5

Deux sarclages coûtant chacun deux quarts de journée de l'atelier, ou 50

L'entretien du carré de rejetons coûte . . . . . . 72 journées.

Résultat de la comparaison de la dépense et du produit d'un carré de cannes et d'un carré de rejetons.

Un carré de cannes coûte 5o tombereaux de fumier, 226 journées de nègres. Il donne 180 formes de sucre après 16 mois d'attente et de risques.

Un carré de rejetons coûte 20 tombereaux de fumier, 72 journées de nègres. Il donne 120 formes de sucre après 13 mois d'attente et de risques.

Différence.

En faveur des rejetons 3-5.e moins de fumier employé; deux troisième moins de journées de nègres ; un cinquième moins d'attente et de risques.

Fn faveur des cannes, un tiers en sus du produit.

Aussi-tôt les cannes récoltées, il s'agit de donner la première façon à leurs rejetons, ce qui s'exécute avec la charrue ou la houe, suivant le temps ou les circonstances; c'est-à-dire, que si l'opération se fait à l'approche des pluies ou durant la saison pluvieuse, on brûle les pailles restées dans la pièce, afin de faciliter l'action de la charrue; mais lorsque cette façon se donne dans le sec, on conserve ces pailles sur les souches pour les garantir de l'ardeur du soleil et conserver plus de fraîcheur au sol; la houe seule peut alors exécuter ce travail.

Dans le premier cas, dès qu'on a brûlé, on répartit le fumier sur les souches qui ont besoin de ce secours, et la charrue commence ensuite son opération, qui consiste à remuer toutes les fosses et chausser les souches avec la terre réservée sur les souches pour cet objet, en donnant les sarclages aux cannes plantées; de sorte que les souches doivent se trouver, pour ainsi dire, encaissées dans une terre bien ameublie.

Dans le second cas, l'atelier rangé le long de la lisière rappelle avec la houe la paille qu'elle peut atteindre, et laboure tout le terrein découvert en soulevant même les racines des souches; quand la portion découverte est labourée, l'atelier la dépasse et rappelle de nouvelles pailles avec lesquelles il recouvre la portion de terrein déjà labourée , et ainsi successivement jusqu'à ce qu'il ait atteint la lisière opposée, couvrant la dernière portion découverte avec les pailles qu'il enlève , en commençant le second rang : après cette première façon , deux sarclages suffisent aux rejetons (1).

Article VI.

De la culture et fabrication du manioc.

Le manioc offre les plus grands avantages au planteur ; il procure une nourriture aussi saine qu'abondante aux esclaves, et il améliore les terres quand sa culture succède dans un champ à celle des cannes , augmentant singulièrement la porosité du sol : également l'alternative des cannes et du manioc procure une récolte plus abondante de ces racines. Les terres dans lesquelles on vient de récolter du manioc n'exigent pas autant de préparations pour recevoir le plant des cannes, il suffit d'ouvrir des trous dans les sillons qui séparoient les fosses sur lesquelles on avoit planté du manioc ; et dans un champ qui reçoit d'ordinaire un quart de panier de fumier sur chaque plant, il suffit alors d'en employer le cinquième. On voit par ce qui précède , combien il est avantageux de faire successivement une récolte de manioc dans toutes les pièces d'une habitation. L'époque la plus convenable pour planter le manioc, est celle comprise entre les mois de septembre et de mars inclusivement ; et le planteur qui suivra mon plan de culture , éprouvera une grande facilité à en profiter, pouvant planter la moitié de son manioc de janvier à mars, époque où il ne plante pas encore de cannes, et l'autre moitié de septembre à décembre , époque où il doit avoir fini ce travail.

Les terres dans lesquelles vous plantez du manioc sont ou légères ou compactes : dans le premier cas, il faut brûler les pailles

____

(1) Il est encore une autre manière de travailler les rejetons : on laisse les pailles trois ou quatre mois sur le terrein , et lorsqu'elles sont à moitié décomposées , on laboure la terre à la houe , en enfouissant ces pailles aux pieds des rejetons.

qu'on ne pourra pas enlever, attendu qu'en les enfouissant dans la terre, leur effet seroit nuisible, devant opérer sur elle en raison inverse de ses besoins; mais dans le cas contraire, lorsqu'on récolte les cannes, il ne faut enlever aucune paille et les enfouir. Les terres qu'on brûle avant de les labourer pour y planter du manioc, peuvent l'être par la charrue ; mais après qu'elle a sillonné, il est nécessaire de faire relever les fosses avec la houe, travail peu pénible et vîte exécuté, tandis que le grand atelier prépare le terrein, ou après que cette opération est achevée : si le moment n'est pas favorable alors, (il faut planter le manioc au dernier quartier de la lune) le petit atelier s'en occupe; il doit observer d'enfoncer plus ou moins la bouture dans la fosse selon que la saison est sèche ou pluvieuse, n'employant que le meilleur bois afin d'éviter les recourrages, encore plus ruineux pour le manioc que pour les cannes. Dès que le manioc est poussé, il ne faut pas perdre un instant pour le sarcler quand on s'apperçoit que les herbes commencent à le gagner, car cet arbuste souffre beaucoup de toutes les plantes parasites qui l'entourent jusqu'à ce qu'il ait six mois; à cette époque il n'exige plus de soins.

A la maturité du manioc (qu'on obtient pendant un an) il s'agit de le fabriquer, et pour cela il faut commencer par l'arracher; ce qu'on fera bien de faire exécuter par le petit atelier qui s'en occupe de bon matin. Cette besogne faite, le nègre de garde surveille ce manioc arraché jusqu'au moment où vos tombereaux, revenant aux étables, passent dans le champ et le transportent au moulin. Si on fait arracher et transporter le manioc par le grand atelier, ce qui se pratique assez généralement, on le détourne considérablement, et remarquez que vous avez toujours de l'ouvrage à lui donner, tandis que le petit atelier en manque quelquefois. Avant que de mettre la canne au moulin, le planteur doit s'assurer qu'il y a assez de farine de manioc fabriquée pour alimenter ses esclaves tant qu'il fera du sucre, afin que son atelier n'ait point à s'occuper de cette besogne tandis que la sucrerie est en action ; car il faut veiller un peu pour

fabriquer

fabriquer le manioc , et votre atelier n'a pas besoin d'ajouter à des fatigues de ce genre ; quand il veille à la sucrerie et au moulin. L'action de grager le manioc à bras est une des plus pénibles de l'exploitation et celle qui se répète le plus fréquemment ; aussi tout planteur qui est à même de se procurer un moulin à eau ne doit pas négliger d'en soulager son atelier , et afin d'y mieux réussir, l'usage doit en être permis à tous les esclaves pour leur propre compte. Cette condescendance rapproche, il est vrai , les réparations à faire au moulin ; mais ces frais sont bien moins onéreux pour le planteur que ne le seroit la perte d'un esclave et la maladie d'un grand nombre ; aussi ne cesserai-je de dire que l'humanité et l'intérêt sont parfaitement d'accord pour conseiller au planteur la bienfaisance envers ses esclaves.

Le manioc ou le pain des esclaves ne peut manquer sur une habitation sans que cette disette ne jette le planteur dans l'embarras et de grandes dépenses; l'arbrisseau qui fournit cette racine précieuse , étant très-fréle, craint singulièrement les secousses du vent ; un ouragan , un simple coup de vent , détruisent la provision de l'année lorsqu'on la laisse sur pied durant l'hivernage. Pourquoi ne pas éviter un tel désastre en la mettant à couvert de tous risques avant cette saison périlleuse ? Il n'est question pour cela que de consacrer dans le mois de juillet tout le temps employé dans l'espace de six mois à la fabrication de la farine qu'on dépose dans de grandes soutes après l'avoir faite bien cuire; les champs de manioc, trop jeunes pour être récoltés, sont préservés du vent en coupant l'arbrisseau à six pouces de terre.

ARTICLE VII.

Des bestiaux.

Après les esclaves , l'objet le plus précieux pour le planteur est sans contredit le bétail ; sans bestiaux, point de fumier ; sans fumier, point de cannes (dans les deux tiers de la colonie); c'est un axiome reconnu. Si vos bestiaux sont mal soignés, ils

ne pourront suffire à vos charrois ; vous ne pourrez alors ni profiter
des cannes que vous aurez à récolter, ni planter avec fruit pour
les récoltes suivantes ; il faut procéder à des remplacemens
onéreux pour remonter vos attelages ; et fréquemment les bœufs
et les mulets nouvellement achetés et mis au travail peu après,
dépérissent sans pouvoir se rétablir, ce qui vous oblige à renouveler plusieurs fois la même dépense. Ces considérations doivent
déterminer le planteur à se ménager un fonds de bétail suffisant
pour fournir aux charrois de son habitation, et lui procurer le
fumier nécessaire pour amender ses terres, ce qui ne peut être
amené avec une économie bien entendue qu'en se ménageant
dans les terres qui sont les moins propres à la culture des cannes,
ou trop éloignées des établissemens pour y être employées, une
hâte sur laquelle il élèvera les bestiaux nécessaires pour recruter
ceux que la fatigue ou l'âge enlèvent annuellement sur chaque
habitation. Pour déterminer les planteurs à de semblables établissemens, je leur observerai d'abord l'avantage général qu'il
peut en résulter pour la colonie en cas de siège, ses défenseurs
ayant dans ces hâtes une ressource pour suppléer aux secours
qui leur sont importés ordinairement ; mais l'intérêt particulier
plaide aussi en faveur de ces établissemens, et pour en être
convaincu, il n'est question que de suivre le calcul dont j'offre
le tableau.

Pour former une hâte il en coûtera pour habituer
vingt carrés de bois, à 200 livres, ci . . . .   4,000 liv.
  Vingt vaches achetées à 200 livres, ...   4,000
  Un beau taureau, ...   600
  Deux grands nègres gardeurs, à 3,000 livres, . .   6,000
  Trois petits gardeurs, à 1,000 livres, ...   3,000
  Vingt carrés de terre pour former les savanes,
à 800 livres, ...   16,000

              Dépense de l'établissement, . . .   33,600 liv.

L'intérêt de trente-trois mille six cents livres, à
six pour cent, taux auquel on peut se procurer des
avances en Europe , ... 2,016 liv.

Pour comparer les bénéfices aux dépenses et ne pas se flatter,
je suppose qu'il n'y aura que les deux tiers des vaches qui
porteront annuellement, et qu'elles donneront autant de génisses
que de veaux : après les trois premières années écoulées , vous
aurez chaque année à vendre ou à employer, six
bœufs, à 5oo livres , ... 3,000 liv.
Six vaches, à 2oo livres , ... 1,2oo
Douze bouteilles de lait par jour, ne faisant traire
que les vaches qui auront des genisses, 4,38o bouteilles par an , à 10 sols , ... 2,190
Cinq cents charretées de fumier, à 4o sols , ... 1,000

Produit annuel de la hâte , ... 7,39o liv.
Excédent de la recette annuelle sur la dépense, . . 5,374 liv.
Ce qui fait à peu près trois cents pour cent de bénéfice. Ajoutez
à ce motif d'encouragement, la certitude de n'employer à vos
charrois que des bœufs faits au pâturage, aux eaux et au climat
de votre habitation. Tel est le premier soin que je recommande
au planteur jaloux de ménager son bétail et sa bourse; mais il
en est encore plusieurs qu'on ne doit pas négliger; il faut procurer aux bestiaux qui travaillent une nourriture saine et suffisante
pour les soutenir ; ce qui indique la nécessité de bien entretenir
les savanes , de les diviser afin que les bestiaux, après avoir
pâturé dans l'une, puissent passer dans lès autres, pour que les
herbes puissent repousser dans la première , ect. Mais malgré
de bonnes savanes, il est nécessaire d'avoir sur chaque habitation
quelques carrés d'herbes de guinée, ou petit maïs; ces prairies
artificielles sont d'autant plus utiles, qu'outre qu'elles souffrent
jusqu'à trente coupes sans refuser, elles offrent au bétail une
nourriture pleine de consistance, qui le soutient pendant la

saison pluvieuse, époque où les herbes des savanes n'ont aucun
corps, ainsi que durant les sécheresses, temps où les savanes
sont dépourvues d'herbes. Un vieux nègre peut, soir et matin,
en couper suffisamment pour la journée, et les voitures en finissant leurs charrois, passent dans la pièce pour enlever ce fourrage ; trois carrés d'herbes de guinée et un de petit maïs, seront
suffisans pour suppléer à la nourriture de 40 bœufs et 20 mulets,
et les fourrages une fois semés ou plantés, deux sarclages par
an suffisent à leur entretien, on les renouvelle lorsqu'on s'apperçoit
que les souches s'épuisent. Les planteurs, dont le sol est borné,
peuvent étendre le nombre des carrés de terre en savanes artificielles, ce qui les mettra à même de diminuer en proportion les
savanes ordinaires, plantant un carré pour quatre qu'ils retran-
cheront. Les têtes de cannes sont d'un grand secours pour les
bestiaux ; on doit les faire enlever à mesure qu'on récolte un
champ et les mettre en tas, afin de les conserver pour la saison
où la récolte étant finie, le bétail perd la ressource des têtes
de canne fraîche. Ce n'est point le travail qui fait périr les bestiaux,
mais bien le défaut de soins et de nourriture ; les travaux forcés
durant la chaleur et l'insouciance avec laquelle on les met au
travail sans les faire manger et boire auparavant. Le logement
du bétail influe encore sur sa conservation ; les parcs (étables)
doivent être assez spacieux pour que le bétail ne soit point géné ;
en partie couverts, afin que les bestiaux, d'après ce que leur
conseille leur instinct, se mettent à l'abri de la pluie, ou respirent
la fraîcheur en plein air dans les belles nuits. Ces pacs doivent
être pavés, afin que l'urine ne se perde pas, mais qu'elle bonifie
le fumier ; l'étendue des parcs doit être proportionnée à la quantité d'animaux qu'on veut y renfermer ; car s'il est nuisible
au bétail d'être entassé la nuit, il est avantageux au planteur
que l'espace qui le renferme ne soit pas assez étendu pour qu'il
y soit isolé, ce qui empéche qu'il ne donne la quantité de
fumier qu'on peut en obtenir chaque mois, car il est visible
que plus les bestiaux seront rapprochés et plutôt la paille qui

leur sert de litière sera brisée et décomposée. Les parcs doivent, autant qu'il est possible, être adossés à la masse du canal des moulins à eau, et au moyen d'un robinet, on y introduit suffi- samment d'eau pour humecter le fumier dans les sécheresses et hâter la putréfaction des pailles ; dans les cantons dépourvus de moulins à eau, on doit établir les parcs au-dessous d'une marre, dont on obtiendra de l'eau au moyen d'une goutière.

Il est indispensable de s'arranger de manière que les bestiaux ne travaillent que le moins possible durant la forte chaleur ; cette pré- caution diminue leur fatigue. A près de grandes pluies il ne faut point atteler de voitures sans un besoin urgent ; elles gâtent les chemins, et vos bestiaux s'épuisent pour faire un charroi qui ne leur auroit rien coûté si vous l'eussiez différé : on peut, en pareil cas, substituer les mulets bâtés aux voitures pour les travaux qu'ils sont susceptibles d'exécuter. Dans les grandes chaleurs, hors le moment où l'on fait du sucre, je crois profitable au planteur de ne point faire atteler de voitures le matin, et d'en employer le double l'après- midi, les bestiaux allant de bonne heure aux pâturages, y font un bon repas avant que la chaleur et les mouches ne viennent les inquiéter, et l'après-midi ils sont plus en état de rendre les services qu'on en exige.

Les bestiaux doivent être étiqués tous les jours, mais l'après- midi en sortant du parc. Plusieurs planteurs le font exécuter le matin ; mais j'ai déjà fait observer que cette heure est précieuse pour conduire les bestiaux dans les pâturages. Les bœufs et les mulets doivent être baignés tous les jours dans les sécheresses ; deux fois la semaine durant la saison pluvieuse, et, autant qu'il sera possible, à la mer.

Une fois par semaine, on peut faire usage d'un remède excellent contre la vermine, et surtout les poux qui désolent le bétail : ce remède consiste à faire piler une charge d'écorce de pestapou, qu'on met infuser dans une grande chaudière remplie d'eau de mer exposée au soleil pendant trois jours. Cette préparation achevée, on prend de fortes brosses, à leur défaut, des torches de paille inbibées de cette préparation, avec lesquelles on frotte à contre-poil les bœufs et les mulets.

Chaque planteur doit tenir un registre exact de ses bestiaux, sur lequel seront portées les pertes qu'il fera, ainsi que les accroîts : en comptant de temps en temps son bétail, il vérifiera l'exactitude de ses gardeurs. Il ne faut jamais souffrir qu'un beau taureau au milieu des vaches : s'il y en a plusieurs, ils se battent, se blessent ou se tuent, et les veaux, les génisses qui naissent, ne sont pas d'une aussi belle venue.

Quand une vache met bas, il faut la tenir au moins pendant un mois dans la savane la plus prochaine, car sa suite étant toujours près d'elle, pourroit être forcée en la suivant dans les savanes éloignées. Les animaux sont sujets à des maladies comme les hommes : quand ils en sont attaqués, les plus grands soins leur sont nécessaires, et on conçoit combien il faut de surveillance dans les épizooties pour préserver les animaux sains de la contagion, et traiter ceux qui sont malades ; aussi suis-je bien éloigné d'adopter l'usage où l'on est assez généralement d'établir pour gardeur le nègre jugé incapable d'autres choses par ses facultés physiques ; je choisis au contraire un des esclaves auxquels j'accorde le plus de confiance, pour remplir cette place. Or, si dans les temps ordinaires, il est prudent de faire exercer cet emploi par un esclave de confiance, on s'apperçoit combien cela est essentiel lorsque le charbon, la fièvre maligne attaquent vos bestiaux ; c'est alors que vous jugez l'importance d'avoir un homme soigneux et jaloux de remplir ses devoirs, préposé pour les surveiller. Mais il faut savoir encourager un tel sujet, et ne pas épargner les soins. Malheureusement, la plupart des planteurs négligent ces deux choses et se persuadent trop souvent que le poison opère les pertes occasionnées par les épizooties, ce qui les porte à châtier leur gardeurs, qui souvent prennent la fuite au moment où leurs services seroient les plus urgens. Cependant le mal gagne, le bétail s'anéantit sans qu'on songe aux seules précautions qui peuvent le sauver. Dès les premiers symptômes d'une épi-

zootie sur une habitation, il faut s'occuper à préparer les bestiaux,
dont la maladie dépend ordinairement d'une grande inflammation
dans le sang ou d'une humeur putride, et on se règle là-dessus :
mais on ne court aucun risque de commencer à rafraîchir le bétail
par des bains d'eau douce et l'usage d'une limonade au vinai-
gre, adoucie avec le gros sirop, ajoutant à cette précaution celle
d'un séton au poitrail ou fanon. Il faut suspendre tout travail,
examiner d'heure en heure chaque animal, et au premier symptôme
de fièvre, mettre à couvert et séparément celui qui en est atta-
qué, et multiplier les sétons : Les animaux malades doivent
être tenus à la diète la plus sévère, ne leur donnant pour boisson
que leur limonade, dans laquelle on délaiera un peu de farine :
on les purgera tous les deux jours avec le suc exprimé des feuilles de
sous-marqués, de vervène et de médecinier rouge, par égale
quantité, pour en obtenir une bouteille pour un bœuf ou mulet;
on leur donnera quatre lavemens par jour durant la grande chaleur,
composés de leur limonade mélangée avec une décoction de quin-
quina et de camphre. Quand les bestiaux commenceront à se
mieux porter, il faudra augmenter leur nourriture graduellement,
mais avoir soin de faire faner leurs herbes avant de les leur présenter.

Article VIII.

Des angrais.

Lorsque les colons de la Guadeloupe reçurent le plant de cannes
du Brésil (1), ils s'empressèrent à le multiplier, et ils parvinrent
peu à peu à monter des sucreries. Dans les premiers temps, le
sol de la Guadeloupe étoit très-fertile, à l'exception de quelques
cantons dans lesquels on cultivoit le petun et le coton. Des
forêts immenses ombrageoient le terrein, et leur dépouille,
accumulée durant des siècles et métamorphosée en terreau,
offroit à l'ambition du cultivateur une mine de richesses; les

---

(1) Nous le devons à M. Grans-Poël qui s'établit à la Guadeloupe en 1657.

cannes plantées sans aucun soin, mal entretenues, (on ne pouvoit pas les mieux cultiver faute de bras) triomphèrent de tous les obstacles. Cette végétation active se soutint long-temps ; mais lorsque la terre, lassé de fournir ses sucs sans recevoir aucun secours, cessa d'être aussi libérale, le planteur qui s'en apperçut, loin de lui rendre sa première énergie par l'usage des engrais, adopta une marche moins pénible : riche en terre et pauvre encore en esclaves, il abandonna le sol qu'il cultivoit en cannes, pour défricher de nouvelles forêts, qui lui donnèrent encore de superbes productions. Mais ensuite le nombre des colons s'accroissant chaque jour, et la culture des cannes s'étendant en proportion de l'augmentation des planteurs et des esclaves, il fallut bien finir par cultiver le même sol, malgré qu'il dégénérât journellement. Une succession de mauvaises récoltes obligea enfin le cultivateur de recourir aux engrais. L'illusion cessa dès-lors, et on sentit la nésessité de rendre au sol l'onctuosité et la porosité qui lui sont nécessaires, en faisant usage des engrais et des labours. Mais le planteur effrayé d'un travail qui contrastoit si fort avec le précédent, l'exécuta mal ou s'en abstint encore long-temps ; et ce n'est réellement que depuis quinze ans que les besoins impérieux du sol ont forcé le cultivateur à régler son exploitation de manière à pouvoir rendre au sol, par la culture, ce que lui enlèvent les plantes qu'il alimente. Aujourd'hui chaque planteur a la louable émulation de travailler avec méthode, et de faire plus de revenu que son voisin ; de sorte que peu à peu le sol reprend ce qu'il avoit perdu durant notre insouciance. Chaque année amende la terre et augmente la récolte : à très-peu de chose près, je crois que le sol de la Guadeloupe rend ce qu'il peut produire à l'aide des forces qu'on fait mouvoir ; et tout cela a été l'effet d'un axiome bien reconnu aujourd'hui : point de fumier, point de cannes. Le planteur qui fait le plus de fumier sera celui qui fera le plus de sucre relativement aux forces de son atelier.

D'après cet axiome, on croiroit que chaque planteur, com-

binant

binant sa culture sur les forces qu'il peut employer, n'entretient que le nombre de carrés de cannes qu'il peut suffisamment fumer pour en obtenir de belles productions : mais il en est cependant encore qui se faisant illusion, ou qui, maîtrisés par l'habitude, préfèrent planter cent cinq carrés de cannes, point ou très-peu fumées, au lieu de s'en tenir à soixante qui le seroient convena-blement. De tels planteurs se complaisent à promener leurs regards sur des campagnes de cannes à perte de vue ; ils disent avec un certain amour-propre : Je cultive cent cinq carrés de cannes, tandis que mon voisin, avec les mêmes forces, ne peut en soigner que soixante. Mais le voisin qui sait calculer attend patiemment la fin de l'année pour prendre sa revanche ; et alors il observe qu'ayant coupé quarante de ses soixante carrés de cannes, il en a obtenu sept mille deux cents formes de sucre très-beau ; qu'il a conservé son atelier bien portant, et qu'il a fait peu de pertes, ses esclaves ayant été ménagés dans l'exécution d'un travail bien combiné, tandis que le voisin qui le désap-prouve, puisqu'il ne l'imite pas, ayant coupé soixante-dix de ses cent cinq carrés de cannes pour fabriquer sept mille formes de sucre médiocre, a épuisé son atelier par des travaux au-dessus de ses forces. Ce n'est pas là le tout, le planteur qui a fait plus de sucre avec moins de cannes, obtiendra encore une seconde coupe entretenant bien ses rejetons, qui lui rendra plus que les cannes mal plantées par son voisin ; et si ce voisin pouvoit se déterminer à conserver des rejetons, à peine y couperoit-il du plant. Planteurs sages et laborieux, calculez le temps qu'il vous faut pour faire du fumier ; mais sachez-y employer tout celui qui sera nécessaire, pour que chaque carré de terre que vous planterez en cannes, reçoive la quantité d'engrais nécessaire pour produire les plus belles cannes profitables, et ne plantez pas un carré de plus quand, malgré tous vos efforts, votre provision de fumier sera finie ; mais laissez reposer vos terres jusqu'à ce que vous ayez su vous en procurer.

Nous avons établi l'utilité urgente des engrais ; cherchons actuel-

M

lement les moyens les plus propres pour les accumuler sur une
habitation. Le varech est, sans contredit, l'engrais le plus puissant, et celui qui coûte le moins au planteur assez fortuné pour
le voir amener par la mer sur les côtes qui avoisinnent son habitation. Il en est de trois espèces, classant au même rang le raisin
du tropique et les éponges : deux jours après que ce varech a
été mis en tas, il se trouve si fort décomposé qu'il exhale une
odeur fétide qu'on ne peut supporter long-temps sans en être
incommodé. Il a la consistance et la couleur d'une graisse noire.
Cet engrais est si actif par la quantité de sels marins dont il est
imprégné, qu'il convient de le mélanger avec de la terre en le
mettant en tas, ce qui augmente d'ailleurs considérablement sa
quantité. Le raffineur doit redoubler de soins toutes les fois qu'il
fabrique des cannes produites par un sol qui a reçu cet engrais,
et lorsqu'on fume, il faut observer de diminuer la mesure de
fumier de moitié quand on abandonne celui des étables pour
employer le varech, à moins qu'on ait usé précédemment de la
précaution que j'ai indiquée quant on le met en tas.

Les deux autres espèces de varechs sont des rubans d'environ
trois lignes de largeur ou des filandres ; l'une et l'autre espèce
ne sont propres qu'à augmenter les sels du fumier qu'on tire des
parcs ou d'ailleurs. La boue de mer est encore un excellent
engrais ; mais il est nécessaire, avant de l'employer, de la laisser
quelque temps entassée.

Si le secours des engrais fournis par la mer est précieux pour
le planteur, il n'est pas en général à beaucoup près suffisant,
et nombre d'habitations ne participent point à cet avantage. Il
faut donc compter principalement sur les engrais qu'on obtient
des bestiaux et qu'on augmente plus ou moins par son industrie
et son activité.

J'enlève le fumier de mes parcs régulièrement tous les mois :
ceci pourra paroître absurde ; car réfléchissant, on pourra observer
que s'il est bon à être entassé dans le sec après un mois, trois
semaines doivent suffire dans la saison pluvieuse, ou qu'étant

nécessaire de le laisser séjourner un mois durant les pluies , il ne peut étre assez fait après une telle période dans le sec : mais j'ai avancé que l'industrie et l'activité aidoient dans ce travail. L'activité est toujours la méme chez moi pour ce genre d'ouvrage, et l'industrie en varie la méthode selon les circonstances.

Je fais ramasser toutes les pailles à mesure que je récolte un champ ; ces pailles sont disposées dans les lisières ou en gros tas près des parcs, en attendant l'instant d'en faire usage ; et de cette manière, on ne les emploie qu'à demi pourries, ce qui avance considérablement le fumier. Le premier de janvier , je mets dans mes parcs une couche de six pouces de terre qu'on prend où l'on peut en trouver ; par-dessus cette terre, une bonne litière de paille : la semaine d'après , je fais labourer à la houe et bien remuer ces pailles et la terre , déposant sur ce tout labouré une couche de paille semblable à la première. La semaine suivante, autre labour ; une couche de terre, et par-dessus une couche de paille. La dernière semaine du mois, on laboure encore le parc , après quoi on enlève le fumier pour le mettre en tas , et on recommence l'opération pour le mois suivant.

Les alentours des parcs sont garnis de paille que foulent les bestiaux , soit en entrant et sortant des parcs, soit pendant la période qui s'écoule entre le moment où ils reviennent du pâturage le matin , et celui où ils y retournent l'après midi ; durant lequel on leur jette du fourrage qu'ils mangent à l'ombre des arbres plantés dans ce lieu pour leur procurer de la fraîcheur.

Avant d'enlever le fumier des parcs, on commence à ramasser celui du dehors, qu'on met en tas le premier ; quand cette opération est finie, on met sur ce fumier une couche d'un pied de varech de la seconde espèce dont il a été parlé, ou, à son défaut, une couche de chaux vive ; on met par dessus une couche de deux pieds de fumier des étables, mélangeant celui des mulets avec celui des bœufs ; par-dessus une autre couche de varech ou de chaux vive, qu'on renouvelle après avoir entassé tout le fumier ; au-dessous des parcs, on dispose un très grands trou,

toujours rempli de paille qui reçoit tous les égouts des parcs;
ce trou est labouré tous les mois, et chargé de varech et de
paille continuellement, et il me donne, trois fois l'an, de bons
tas de fumier. J'ai des trous semblables dans différens carrefours
de mon habitation, dans lesquels je jette continuellement des
pailles; et lorsque ces trous sont comblés de pailles pourries,
converties en terreau, je jette un parc là-dessus, dans lequel
je fais séjourner des bestiaux une quinzaine de jour, ce qui me
procure un supplément de bon fumier; ce parc promène ainsi
dans mon habitation, et on le fixe là ou il est nécessaire, soit
sur ces trous, soit dans les pièces qui ayant été labourées, reposent
jusqu'à ce qu'on les plante.

Le parc à moutons et l'écurie me donnent d'exellent fumier,
que je mélange avec de la terre dans une grande fosse qui se
vide quand elle est comblée. J'ai pratiqué une grande fosse
maçonnée sur les derrières de ma rumerie; un petit canal y
introduit les vidanges superflues; je remplis peu à peu cette fosse
avec de vieilles bagasses ou de la terre, qui étant sans cesse
imbibées de ces vidanges, forment après trois mois de séjour
dans la fosse, d'excellent fumier; la paille se décompose difficilement dans les vidanges.

Dans la saison pluvieuse, je répands sans cesse des pailles
dans le chemin, par où débouchent toutes les voitures pour
arriver à mes bâtimens; dès que ces pailles sont brisées et
imprégnées de terre, on les enlève, on les met en tas à côté
du chemin, et on les remplace par d'autres, etc. Quand le sec
se fait sentir, on substitue dans les parcs cette espèce de terreau
aux pailles et à la terre, avec lesquelles on les charge ordinairement, et, de cette manière, le fumier se fait aussi vite dans
une saison que dans l'autre, d'autant qu'un robinet ménagé dans
la masse du canal donne la faculté d'arroser les parcs quand on
le juge nécessaire : en opérant ainsi, avec quarante bœufs,
vingt mulets, cinq chevaux et soixante moutons, j'ait fait jusqu'à
cinq mille charretées de fumier dans l'année; aussi, d'un sol

très-peu fertile, ai-je fait une terre excellente. La couche végétale
avoit à peine trois pouces dans mon habitation, mais attaquant
le tuf à chaque labour, et mettant jusqu'à un panier de fumier
sur chaque plant, je suis parvenu, peu à peu, à augmenter
considérablement la profondeur de mon sol ; et diminuant le
fumier à mesure que la terre acquéroit de la qualité, la mesure
moyenne, qui étoit chez moi, lorsque je commençai mes
travaux, de quatre-vingt-seize tombereaux par carré, est réduite
aujourd'hui à cinquante, ce qui m'a permis détendre successive-
vement ma culture sans m'écarter de mes principes (1).

Article IX.

*Plan d'exploitation pour une sucrerie qui, ayant les savanes
et les bois qui lui sont nécessaires, les jardins à nègres, les
savanes artificielles qu'il lui faut, peut employer cent vingt
carrés de terre à la culture des cannes et du manioc ; ayant
pour exécuter ses différens travaux, deux cent quatre-vingts
esclaves, dont cent au grand atelier, vingt-cinq au petit
atelier, vingt ouvriers, dont quatre maçons, trois charpentiers
et scieurs de long, deux charrons, quatre tonneliers, quatre
raffineurs et trois rumiers, trente-deux bœufs de cabrouet et
huit de charrue, avec vingt mulets, les bâtimens analogues
à ses produits, ainsi que tous les ustensiles.*

Pour exploiter une habitation avec fruit, il faut connoître à
fond le caractère et la force des esclaves qui y sont attachés ;

---

(1). Lorsque je pris le timon de mon habitation, j'y trouvai 150 carrés
de cannes plantées sans fumier, et rendant, les uns dans les autres, 40 formes
de sucre : je réduisis ce nombre à soixante, ce qui me donna le temps et
la faculté de les fumer suffisamment : quand ces 60 carrés de terre ont été
au point que je les désirois, j'ai successivement étendu ma culture. Si je
n'eusse pas pris ce parti, mon sol seroit encore ce qu'il étoit lorsque je
commençai à l'exploiter, et en me tuant de fatigues, je n'aurois rien fait
pour la fortune de mes enfans.

nous en avons fait sentir l'importance. Il n'est pas moins important d'étudier son sol, afin de parvenir, par des soins continuels, à rendre le terrein de chaque pièce d'une qualité égale, afin d'en obtenir des productions semblables, et non un canton de cannes trop fortes, un où elles sont au point désiré, et l'autre où les cannes n'ont pas acquis la moitié de leur accroissement ordinaire; ce qui est aussi nuisible pour la quantité que pour la qualité du sucre qu'on fabrique dans de telles pièces. Une fois cette connoissance acquise, cette uniformité amenée, il ne s'agit plus que de fixer la distance convenable entre chaque plant, et la mesure du fumier qu'ils doivent recevoir, ce qui doit être réglé d'après la qualité du sol des différentes pièces; et afin de rendre là-dessus tous les sous-ordres aussi savans que le planteur, il doit consigner le résultat de ses opérations dans un tableau, ainsi que je l'ai déjà proposé.

Le planteur doit ensuite fixer l'époque la plus convenable pour l'exécution des différens travaux de son habitation, ce qu'il ne pourra régler qu'après plusieurs années d'observations, qui auront eu pour objet principal la quantité de pluie tombée sur son habitation dans le courant de l'année, et les époques. Cette observation essentielle semble offrir d'abord de grandes difficultés, mais rien n'est si simple; il s'agit d'avoir une boîte de plomb carrée et hermétiquement fermée dans son fond et ses quatre côtés, et entièrement ouverte du côté opposé au fond; sur ses côtés sont tracés des lignes et des pouces comme sur un pied de roi; on pose cette boîte perpendiculairement dans une autre boîte de pierre de taille qui doit être elle-même d'aplomb, et qui doit avoir deux pouces de moins d'élévation : ces boîtes ne doivent avoir aucun bâtiment, arbre, ni broussailles autour d'elles à quinze pieds de distance. A chaque grain de pluie, le planteur, ou son suppléant dans cette opération, doit s'astreindre à mesurer l'eau contenue dans la boîte qu'on videra aussi-tôt, portant la quantité de pluie tombée sur un journal : dans la nuit on peut laisser accumuler les grains et leur produit dans le vase;

mais on conçoit que si l'on en usoit ainsi le jour, il en résul-
teroit une évaporation nuisible à l'observation , aussi faut-il , à
la pointe du jour, mesurer l'eau tombée durant la nuit. Après
qu'on aura suivi cette méthode pendant trois ou quatre ans,
l'opinion du planteur doit être fixée sur les saisons analogues à
ses différens travaux, et il ne doit se décider que d'après ce
qu'il aura observé; car il est clair que pour faire du sucre, il
faut du beau temps, afin d'obtenir des sucs mieux claborés, des
charrois plus faciles, et du chauffage en abondance; il est également reconnu que, pour planter avec du plant, il faut au moins
des pluies légères, telles que les procure le renouveau, et que
pour planter des souches, on ne sauroit profiter d'une saison trop
pluvieuse: tels de ces ouvrages qui eussent réussi dans une
saison, deviennent infructueux dans une autre qui ne leur est
pas convenable : chaque espèce de travaux ayant son époque
assignée par la nature, le planteur avisé doit se conformer à ce
qu'elle lui indique; il doit donc se régler, pour l'époque de
leur exécution, d'après les conseils de l'expérience; et après
avoir tout combiné pour son plus grand avantage , il doit se
tracer un plan de culture et d'exploitation générale invariable (tel
qu'on le verra à la fin de cet ouvrage) ; de manière que le travail
d'une année soit celui des années suivantes , et que le revenu
d'une récolte soit semblable au produit de celles qui lui succéderont, sauf les accidens qu'on ne peut prévoir, comme ouragan,
épidémie, etc. Mais dans son plan de culture , le planteur ne
doit pas perdre de vue la subsistance de son atelier, et pour cela
il doit se ménager le terrein nécessaire pour planter le manioc
qu'il doit consommer , ainsi que le temps de ses esclaves employé à
sa culture et à sa fabrication.

Après avoir observé long-temps et varié mes travaux pour les
rectifier, en corrigeant mes erreurs, j'ai enfin fixé mon plan
d'exploitation tel que je vais le décrire ; mais malgré que je le
croie très profitable pour moi, je ne le conseille cependant aux
autres qu'avec les modifications que la position et le climat de

leurs habitations doivent faire admettre : quand à la position,
mon habitation est située sur la côte de l'est et au bord de la
mer ; son sol s'élève en amphithéatre de la mer ou de l'est, à
la montagne ou à l'ouest ; on y trouve peu de pierres dans les
champs, et elle est parfaitement arrosée ; la terre végétale repose
sur un tuf jaunâtre : on jugera du climat par le tableau de la
pluie tombée dans le cours des années 1784, 1785, et partie de
1786, époque où j'ai cessé mes observations et fixé mon plan
de culture en partant pour France.

Sur cent vingt carrés en culture, j'en ai toujours un douzième
en manioc ; sept douzièmes en cannes plantées ; deux douzièmes
en rejetons, et un douzième labouré et garni de fumier prêt à
recevoir le plant de cannes. J'ai donc tous les ans
deux douzièmes de mes terres en manioc, ou . . . . 20 carrés. 2-12.^e

Sept douzièmes en cannes plantées, ou 70
carrés de cannes, ci 70   7-12.^e

Deux douzièmes en rejetons, ou 20 carrés en
rejetons, ci 20   2-12.^e

Un douzième en jachère, ou 10 carrés préparés
à recevoir le plant, ci 10   1-12.^e

Je cultive donc cent vingt carrés, ou 12-12.^e
de 120, ci . . . . 120 carrés. 12-12.^e

Je coupe chaque année quarante carrés de cannes plantées et
vingt de rejetons, ou les deux tiers de mes plantations : les cannes
me rendent, les unes dans les autres, cent cinquante formes au
carré, et les rejetons, cent vingt.

40 carrés de cannes plantées, à 150 formes au
carré, rendent 6000 formes (1), ci , ...   6000 formes.

20 carrés de rejetons, à 120 formes au carré,
rendent 2400 formes, ci . . . .   2400 formes.

Mes récoltes ordinaires sont en sucre de cannes de   8400 formes,

---

(1) Quand les chenilles ou autres insectes ne nuisent pas au produit de mes
plantations, les cannes rendent davantage, mais j'ai voulu carer au plus bas.

Sans

Sans aller plus loin, on peut juger ici de mes travaux, en opposant à mes récoltes les forces et les moyens que j'emploie pour les obtenir (1).

De quarante carrés de cannes plantées que je récolte, j'en réserve vingt pour soigner les rejetons; j'en replante dix en cannes et j'en laisse dix en jachère. Les vingt carrés de rejetons récoltés sont plantés en manioc; les vingt carrés dans lesquels on a arraché du manioc et les dix qui étoient en jachère, complettent les quarante carrés plantés en cannes. On voit par ce qui précède que, soit en commençant, soit en finissant l'année, j'ai toujours la même quantité de cannes, de rejetons et de manioc : mais comme il peut se rencontrer des années où le manioc rende davantage, ce qui me permet d'en arracher moins, je profite de ce bénéfice sans rien déranger à mon plan de culture, et pour cela je diminue mes plantations de manioc en proportion; c'est-à-dire, que si je n'ai arraché que quinze carrés de manioc, je n'en plante que la même quantité; je laisse cinq des carrés de rejetons récoltés en jachère; je plante en cannes cinq carrés de plus de ceux qui ont été récoltés en cannes plantées et qui étoient destinés à rester en jachère.

En coupant la même quantité de cannes tous les ans et aux mêmes époques, plantant la même quantité de carrés qu'on a coupés, y donnant les mêmes soins et exécutant ce travail toujours dans la même saison, plantant autant de manioc qu'on en a arraché, ayant toujours la même quantité de carrés de terre en préparation, je dois obtenir un revenu égal, et cela sans aucune gêne, tout étant prévu pour que la préparation des terres, les engrais né-

---

(1) Considérez que dans les temps ordinaires, mon hôpital est garni de vingt à vingt-cinq malades, et que je n'ai pas l'avantage de posséder un sol riche où tout vient sans soins. Le fumier occupe mes ateliers le tiers de l'année, et bien m'en a pris de faire ce sacrifice apparent, puisque le carré de cannes qui me rend 150 formes, n'en produisoit que 40 lorsque je pris le timon de mon habitation.

N

cessaires, et le temps employé aux différens travaux, soient à
ma disposition quand je le désire. Mais pour ne pas perdre le
fruit d'un tel ordre de choses, il est essentiel de ne pas perdre
le fil de ses travaux et de n'en laisser sur - tout arriérer aucun. Le
planteur doit cependant se réserver la faculté de transposer ses
travaux lorsque les saisons dérangées lui en font la loi; mais
alors, qu'il laisse moins à faire pour une autre époque, qu'il
n'exécutera à celle où il en aura interverti la marche ordinaire,
afin de n'être point embarrassé.

Après avoir calculé en gros les travaux qu'exige mon plan, il
est nécessaire d'entrer dans des détails pour prouver sa justesse.
J'ai présenté le produit de chaque récolte; il faut démontrer la
possibilité de l'obtenir avec les moyens que j'emploie.

Mes deux charrues donnent les deux labours que j'exige dans
un intervalle qui leur permet de préparer une pièce de quatre
carrés en cinq semaines; or, n'en ayant que vingt carrés à
labourer, (les vingt carrés dans lesquels on a arraché du manioc
n'ayant pas besoin de labour) vos charrues doivent achever
leur tâche, pour la préparation des terres destinées à recevoir le
plant des cannes, en six mois et une semaine; il leur faut, d'après
le même calcul, trois mois et une demie semaine pour préparer
les dix carrés de terres qui doivent rester en jachère. Sur vingt
carrés de cannes récoltées, dont on conserve les rejetons, il y
en a ordinairement la moitié qui sont coupées dans le sec et
qui reçoivent leur première façon par la houe, afin de défendre
les souches de l'ardeur du soleil, en conservant les pailles dans
la pièce : il n'en reste donc que dix carrés à préparer par la
charrue, et ce labour doit s'exécuter en moins de six semaines.
Mes deux charrues labourent donc sans gêne toutes les terres
destinées à l'être, et jusqu'ici point d'obstacle à l'exécution de
mon plan, ainsi qu'il est facile de s'en convaincre. Vingt carrés
de terre destinés à recevoir le plant des cannes, sont
labourés en vingt-cinq semaines, ci . . . .   25 semaines.

Dix carrés devant rester en jachère, ne comptent
que pour la première année ; les suivantes, les dix

25 semaines.

Ci - contre . . . .   25 semaines.
carrés préparés d'avance bénéficiant le temps em-
ployé pour ceux - ci , ...   12 et demi.
Dix carrés de rejetons rechaussés par la charrue,   10
47 sem. et d.

Pour planter quarante carrés de cannes à raison de cinquante tombereaux de fumier par carré , il faut en faire 2000 tombereaux , ci . . . .   2000 tomber.
Pour améliorer vingt carrés de rejetons, à raison de vingt tombereaux par carré, ci   400

Tombereaux , ... 2400 exigés.

Pour me procurer cette quantité d'engrais, je lève mes parcs tous les mois , et leur ensemble me donne 200 tombereaux, ou par an deux mille quatre cents tombereaux, ci . . . .   2400 tomber.   2400 exigés.

La fosse de l'écurie et parc à moutons, vidée deux fois par an ,   100

La fosse à vidange , vidée quatre fois par an, à 40 tombereaux , . .   160

La fosse qui reçoit les égoûts du parc, vidée trois fois par an, donne   150

Le varech, année commune, donne 200 tombereaux , mais . . . .   mémoire.

Obtenus . . . . 2810 tomber.   2400 exigés.

Il résulte de ce tableau , qu'à la fin de l'année j'ai 410 tombereaux de fumier d'avance. Rien ne s'oppose , comme on le voit , à l'exécution de mon plan relativement aux engrais.

Pour planter 20 carrés de cannes dans les terres préparées par la charrue, l'atelier emploiera . .   20 journées.

Pour planter 20 carrés dans les terres où on a arraché du manioc , ...   30

Pour trois sarclages donnés par le grand atelier
50 journées.

De l'autre part, ...   50

à 40 carrés de cannes , à raison d'un quart de journée pour chaque sarclage d'un carré, ...   30

Pour arracher les souches de vingt carrés de cannes à labourer , ...   6

Pour déserter (nettoyer) 20 carrés où on aura arraché du manioc pour y planter des cannes ,   10

Pour deux sarclages simples , à 20 carrés de rejetons , ...   10

Pour la première façon des dix carrés que ne travaille pas la charrue, ...   10

Pour planter vingt carrés de manioc, ...   30

Pour fabriquer 8400 formes de sucre, à raison de 500 formes par semaine, ...   119

Nota. L'atelier ayant la moitié de son temps de reste , après avoir coupé des cannes , on comprend dans cet emploi le temps nécessaire pour piler, mettre à l'étuve et cuire les sirops, etc.

Pour nettoyer les savannes, ...   15

Pour réparer les canaux, ...   2

Pour la réparation des chemins et ouvrages dans les bois , ...   4

Pour les charrois que nécessitent les réparations ou reconstructions des bâtimens, ...   6

Pour les fêtes et dimanches, ou excédant du temps employé au fumier, ...   73

Total du temps employé , ...   365 journées.

Rien ne contrarie mon plan quant au temps que peut employer l'atelier à son exécution. Le petit atelier a ses occupations séparées ; il ramasse les pailles et met le plant en paquets dans les pièces qu'on récolte ; il sème le plant et le fumier dans celles qu'on plante en cannes ; il plante et arrache le manioc, il le sarcle, il donne le premier sarclage aux cannes, il pêche le varech ; enfin, il s'occupe du fumier toutes les fois qu'il en est nécessaire.

J'ai deux mille quatre cents tombereaux de fumier à transporter tous les ans dans les différens champs : j'établis que les esclaves soient au nombre de quatre-vingt au jardin toute l'année , qu'on fasse du sucre ou non , qu'ils fassent seulement deux voyages de fumier par jour , y compris les fêtes , vu que lorsqu'on fait du sucre ils en font jusqu'à dix ; c'est sept cent trente voyages par an , ou cinquante-huit mille quatre cents paniers équivalens à cinq cent quatre-vingt-quatre tombereaux, ci . .   584 tomber.

De mes trente-deux bœufs de cabrouet, huit sont employés aux tombereaux ; il y en a constamment un d'attelé , qui, faisant six voyages par jour , donne dans trois cents jours , ...   1800

Sur vingt mulets, j'en occupe constamment deux à porter du fumier ; ils font dix voyages par jour, vingt pour les deux ; dans l'année, six mille ou six cents tombereaux , ...   600
____
2984 tomber.

J'ai cinq cent quatre-vingt-quatre tombereaux de fumier transportés qui excèdent mes besoins ; mais ils compensent les lacunes que met le mauvais temps dans l'ordre des choses ; ainsi le transport du fumier n'est point un obstacle pour l'exécution de mon plan.

Pour faire cinq cents formes de sucre par semaine , il faut transporter journellement trente-quatre cabrouetées de cannes au moulin ; pour exécuter ce charroi, j'ai vingt-quatre bœufs ou six attelages , seize mulets (quatre sont employés au fumier), ce qui permet d'en employer huit au charroi des cannes : or , dans la moitié des pièces, deux cabrouets et six mulets suffisent pour fournir le moulin ; mais je suppose qu'au terme moyen, les cabrouets ne puissent faire que quatre voyages le matin et et autant le soir , les trois cabrouets fourniront au moulin vingt-quatre cabrouetées de cannes ; les mulets feront sept voyages matin et soir ; il faut la charge de huit mulets pour faire l'équivalent d'une cabrouetée : ainsi, six mulets fourniront le supplément des cannes ou les dix cabrouetées qui manquent. Les charrois ne sont donc pas un obstacle à l'exécution de mon plan.

Quand je ne fais pas de sucre, les bestiaux employés au charroi des cannes exécutent ceux exigés pour le transport des denrées, du bois, du plant, etc.; et lorsque la récolte est finie, tous les attelages confondus travaillent à me donner une avance en tout: mais si je plante en faisant du sucre, j'occupe quelques mulets au transport du plant. J'ai prouvé qu'avec les forces que je pouvois employer, je remplissois mon plan de culture sans gêne; il me reste à prouver que le cours des saisons lui est également favorable; ce que je vais démontrer par le tableau de la pluie tombée pendant deux ans et demi que j'ai fait des observations exactes sur cet objet important.

TABLEAU de la pluie tombée à Sainte-Marie en 1784.

Mois.	Jours.	Pouces.	Lignes.	Mois.	Jours.	Pouces.	Lignes.	Mois.	Jours.	Pouces.	Lignes.	Mois.	Jours.	Pouces.	Lignes.
Janv.	1		6	Juin.	2		6	Sept.	7		7	Nov.	6	3	4
	6		9		10	1			10		5		10	4	2
	17	1	1		17		4		11	1	1		11		7
	25		3		21		5		14		6		15	1	11
Févr.	4		2		24	1	3		19	1	1		17		8
	12		1		29		4		22		11		21	1	3
Mars.	20		4	Juill.	7		10		24		7		23		6
	27		3		14	1	3		29	1	6		27	1	2
	30		8		17		6		30		4		28		5
Avril	4		6		22		9	Octo.	2	2	5		30		9
	9		5		30		11		5		9	Déc.	5	2	2
	14		7	Août.	4	1	3		10	1	7		8		11
	17		3		7		9		11		9		9		7
	22		5		12		11		14		11		14	1	1
	26		2		14		7		16	1	4		15		9
	30		1		19	1	4		17		9		20		8
Mai.	4		10		26	1	2		22	3	1		23		7
	7		3		28		5		25	1	7		28		4
	12		4		29		9		26		3		30	1	
	17		5		30		4		30	2	4				
	22		3	Sept.	1		10	Nov.	3		5				
	28		4		4	1	2		4	2	1				

RÉCAPITULATION.

Janvier, . .	2 p.	7 l.	Mai, . . .	2 p.	5 l.	Sept . . .	9 p.	0 l.
Février, . .	0	3	Juin, . . .	3	10	Octob. .	15	7
Mars, . . .	1	3	Juillet, . .	4	3	Nov. . .	16	3
Avril, . . .	2	5	Août, . . .	7	6	Déc. . .	8	1
	6 p.	6 l.		18 p.			48 p.	11 l.

TABLEAU de la pluie tombée à Sainte-Marie en 1785 et les six premiers mois de 1786.

Mois.	Jours.	Pouces.	Lignes.	Mois.	Jours.	pouces.	Lignes.	Mois.	Jours.	Pouces.	Lignes.	Mois.	Jours.	Pouces.	Lignes.
Janv.	1		1	Juill.	9	2	2	Octo.	4		7	Janv.	17		3
	5		3		13	1	7		5		9		24		2
	10		7		14		1		10	1	9	Févr.	7		4
	14		9		17		10		14	1			19		1
	22		2		19	2			15		8	Mars.	3		1
	29		3		20		7		21	3	2		17		3
Févr.	10		1		23		4		25	1			30		1
	17		3		25		6		31	2	4	Avril.	2		3
Mars.	13		1		28	1	2	Nov.	3		10		4		1
	17		2	Août.	30		8		4	1	2		7		6
	25		4		2	2	5		5		6		11		3
	30		3		3		2		9	2	3		19		10
Avril.	10		4		6		8		11		6		22		6
	15		8		10	1	2		17	1	5		26		3
	19		11		11		10		18		3		29		9
	21		2		14		9		21	2	7		30		3
	26		4		15		3		22		11	Mai.	1		2
	28		7		19		6		24	1	7		3		7
	30		5		20		2		25		9		4		2
Mai.	4		7		24	1	5		28	1	5		8		9
	7	1	1		27		4		29		1		14		10
	14		6		28	1			30	1	7		15		1
	17		3	Sept.	1		10	Déc.	4	1	10		22		11
	21		5		2		6		5		4		24		2
	22		2		7	3	1		6		7		27		6
	28		9		10	1	4		9		9		31		3
Juin.	1		4		12		6		14	2	2	Juin.	2	1	2
	4		11		14		3		15		11		6		6
	7		3		17	1	5		19	1	1		7		3
	12	1	1		18		7		20		3		11		7
	16		6		22	1	6		24	2	5		17		3
	17		4		23		2		27		4		18		4
	22		4		27		11	Janv. 1786.	3		2		24		1
	27		7		29		6		7		4		25		5
Juill.	5		3	Octo.	2	2	3		12		7		30		7

RÉCAPITULATION de 1785.

Janvier, .	2p. 1l.	Mai, ...	3p 9l.	Septemb.	11p. 7l.
Février, .	4	Juin, ...	4. 4	Octobre,	13 6
Mars, ...	10	Juillet ..	10 3	Nov.	15 10
Avril, ...	3 5	Août, ..	9 8	Décemb..	10 8
	6p 8l.		28p.		51p. 7l.

RÉCAPITULATION des six premiers mois de 1786.

Janvier, .	1p. 6l.	Mars, ..	p. 5l.	Mai, ...	4p. 5l.
Février, .	5	Avril, ..	3 8	Juin, ...	4 2
	1p. 11l.		4p. 1l.		8p. 7l.

On voit par le tableau de la pluie tombée en 1784, 1785, et
partie de 1786, que les saisons sont favorables à l'exécution de
mon plan de culture, puisqu'il prescrit de faire la récolte de
janvier à juillet inclusivement, temps où il tombe le moins de
pluie, où le suc de la canne est plus parfait, les charrois plus
faciles, et le chauffage plus abondant. Mon plan conseille de ne
commencer à planter qu'en avril, époque où le renouveau se fait
sentir, ce qui procure aux plantations une succession de pluies
qui en assure le succès (1).

D'après les observations qui précèdent, je commence ma récolte
en janvier, et tâche de la finir en juillet. Je ne commence à
planter qu'en avril et finis en août, à moins que, contrarié dans
mes travaux, je n'ai pas à cette époque la quantité de cannes
plantées nécessaire : alors ayant laissé repousser les rejetons dans
les pièces que je n'ai pas pu planter, j'exécute ce travail en août
et septembre, et plante en souches dans la saison la plus
pluvieuse.

On voit que de janvier à juillet, la belle saison qui régne alors
doit contribuer à perfectionner les sucs de la canne, et que le
sucre qu'on en obtient doit être d'une meilleure qualité, en
même temps que le vezou en rend davantage. Plantant d'avril
jusqu'en août, il est bien rare que mon plant ne lève pas, ce
qui m'évite des recoûrages ruineux, et procure à mes plantations
une succession de pluies qui assure leur progrès, et leur donne
assez de force, quand le sec se fait sentir, pour résister à son
influence, tant par la force qu'ont déjà acquises les tiges, que

---

(1) Si l'observateur veut tirer parti de ce tableau pour comparer le climat
de la France à celui de la Guadeloupe, quant à la quantité de pluie, il
peut s'assurer de la différence qui existe à cet égard sous les deux zônes,
d'après M. Duclos, de l'académie françoise, qui assure que dans les années
1750 et 1757, réputées les plus pluvieuses en France, la quantité de pluie
tombée n'excèda pas vingt pouces? Voyez *mémoires secrets sur les règnes
de Louis XIV et de Louis XV*, par M. Duclos, tome second, page.
309, édit. de Paris, 1791.

par

par l'ombrage qu'elles procurent au terrein, ce qui entretient une certaine fraîcheur qui balance les effets d'un soleil ardent.

L'expérience m'ayant appris que les mois de janvier, février, mars, septembre, octobre, novembre et décembre, sont les époques les plus favorables pour planter le manioc; j'ai d'autant moins balancé à en profiter, qu'elles s'accordent parfaitement avec mon plan de culture, plantant la moitié de mon manioc avant de commencer à planter des cannes, et l'autre moitié après avoir achevé. Je ne coupe donc point de plant les trois premiers mois de l'année, et je consacre le temps de mon atelier que n'emploie pas la fabrication du sucre, à planter le manioc selon que l'indique le plan de culture, à préparer les terres destinées à recevoir le plant de cannes, et à y répartir le fumier. Pendant ces trois mois, mes bestiaux pâturent dans les pièces qu'on récolte, où les têtes de cannes leur offrent une nourriture abondante et rafraîchissante, ce qui ménage les savanes qu'il est facile d'épuiser dans le sec.

Le premier avril, je commence à planter des cannes, à quoi je m'occupe sans relâche, profitant des intervalles où le plant me manque pour préparer de nouvelles terres, ce qui m'occupe jusqu'en mai, époque où mes terres à planter doivent être toutes préparées; car dix carrés en jachère, environ huit d'arrachés en manioc et préparés d'avance, font dix-huit carrés : or, dans cinq mois l'atelier et la charrue peuvent bien préparer sans gêne les vingt-deux complémens des quarante. Les pièces coupées en janvier, février et mars, destinées à donner des rejetons, sont laissées couvertes de leurs pailles; on y transporte le fumier nécessaire, mais on ne leur donne la première façon à la houe qu'au commencement d'avril, ainsi qu'il a été expliqué dans l'article *rejetons*. On a vu, dans le même article, la méthode que j'emploie pour travailler ceux que je réserve à dater de cette époque. Pendant qu'on plante ou qu'on fouille, pour préparer les terres, le petit atelier s'occupe du fumier et des sarclages; mais une fois le sucre fabriqué et les cannes plantées, tous les esclaves s'occupent des sarclages qu'on soigne imparfaitement pendant la récolte. Le grand atelier travaille aussi à augmenter les engrais et exécute successivement tous les travaux que lui prescrit le tableau de culture.

J'ai tâché de ne rien omettre pour rendre mon plan de culture le plus clair possible ; mais afin de le mieux expliquer aux personnes auxquelles la culture des colonies est étrangère , je vais détailler les travaux à exécuter chaque mois , et je terminerai ce travail par un modèle du tableau de culture qui doit être dressé chaque année par le planteur, afin que les sous-ordres puissent le suivre, qu'il soit présent ou non. J'ai resté trois années en France , et j'ai toujours dirigé mes travaux, ayant laissé à mon géreur un plan de mon habitation semblable à celui que javois sous les yeux pour notre plus grande intelligence.

JANVIER.	Terres préparées. Carrés.	Plantées en manioc. Carrés.	Sucre fabriqué. Formes.
Les deux premières semaines consacrées à faire du sucre ; le temps de l'atelier qui ne sera pas employé pour le sucre servira aux engrais et à déserter des terres en attendant la préparation.			1000
La troisième semaine sera employée à planter quatre carrés de manioc.		4	
La quatrième semaine sera employée comme les deux premières.			500
Dans le courrant de ce mois , les tonneliers montent des barriques pour la seconde étuvée, celles nécessaires pour enfutailler la première devant l'être avant que l'on commence la récolte. Les autres ouvriers se réunissent dans la purgerie pour y travailler le sucre , de manière qu'on ne détourne aucun esclave de l'atelier, et que ce travail , toujours			
		4	1500

	Terres préparées. *Carrés.*	Manioc planté. *Carrés.*	Sucre fabriqué. *Formes.*
Ci-contre, ...		4	1500

exécuté par les mêmes mains, soit mieux soigné.

Dans les premiers jours du mois on nettoie les parcs, on entasse les engrais, et on les soigne toujours comme il a été expliqué à l'article *engrais.*

Dans les trois semaines qu'on a fait du sucre, les deux ateliers doivent avoir préparé quatre carrés de terre. **4**

Février.

Je plante quatre carrés de manioc la première semaine. **4**

On met à l'étuve le sucre de la première semaine de janvier; et sans qu'il en soit fait mention, mettre à l'étuve, piler, cuire les sirops, etc. Tout ce qui se rapporte à la manipulation du sucre s'exécute de suite à mesure que ce travail devient nécessaire.

Je fais du sucre les deux semaines suivantes. **1000**

Dans les intervalles on prépare deux carrés de terre. **2**

La quatrième semaine on plante deux carrés de manioc. **2**

On prépare trois carrés de terre à recevoir le plant des cannes. . . **3**

Mars.

On fait du sucre les deux premières semaines. **1000**

| | 9 | 10 | 3500 |

	Terres préparées.	Manioc planté.	Sucre fabriqué.
	Carrés.	*Carrés.*	*Formes.*
De l'autre part, ...	9	10	3500
Dans les intervalles on prépare deux carrés de terre.	2		
La troisième semaine on prépare six carrés de terre	6		
On fait du sucre la quatrième semaine, et l'on prépare un carré	1		500

A v r i l.

La première semaine, on prépare quatre carrés de terre.	4		
On plante quatre carrés en cannes.	4		
La seconde semaine, on fait du sucre.			500
Dans les intervalles on plante trois carrés de cannes.	3		
La troisième semaine, on plante deux carrés de cannes.	2		
On travaille cinq carrés de rejetons à la houe.			
La quatrième semaine on fait du sucre et on plante.	4		500
On travaille dans les intervalles deux carrés de rejetons.			

M a i.

La première semaine on fait du sucre.			500
On plante le plant à mesure, ou quatre carrés.	4		
La seconde semaine, même travail.	4		
La troisième semaine je travaille à la houe cinq carrés de rejetons, ou le complément des dix.			
La quatrième semaine je fais du sucre.			500
	43	10	6000

	Terres préparées. Carrés.	Manioc plantés. Carrés.	Sucre fabriqué. Formes.
Ci-contre, ...	43	10	6000

J U I N.

La première semaine on fait du sucre et on plante. . . . . — 4 — 500

La seconde semaine est consacrée au fumier ou aux sarclages : on plante trois carrés. . . . . — 3 — —

On fait du sucre la troisième semaine et on plante. . . . . — 4 — 500

La quatrième semaine est employée comme la seconde.

J U I L L E T.

On fait du sucre la première semaine et on plante. . . . . — 4 — 500

La seconde semaine est employée en sarclages et au fumier.

On fait du sucre la troisième semaine et on plante . . . . — 4 — 500

Si quelques inconvéniens ont pu retarder les travaux, la quatrième semaine, dont on ne fixe point l'emploi, sert de supplément pour achever la récolte.

A o û t.

Ce mois est employé au fumier et à sarcler toute l'habitation ; les bestiaux se reposent.

S e p t e m b r e.

La première semaine on plante du manioc. . . . . — — 4 —

| | 62 | 14 | 8000 |

	Terres préparées. Carrés.	Manioc planté. Carrés.	Sucre fabriqué. Formes.
De l'autre part, ...	62	14	8000

Tous les bestiaux sont employés au charroi du fumier pour la récolte suivante.

La seconde semaine est employée au fumier ; la troisième semaine on sarcle les savanes, ainsi que la quatrième.

OCTOBRE.

La première semaine on dessouche les dix carrés de terre destinés à rester en jachère, et la charrue les laboure de suite pour qu'ils soient prêts en commençant la récolte.

La seconde semaine on plante du manioc. . . . .   *(Manioc planté : 4)*

La troisième semaine on déserte les terres où l'on a arraché du manioc.

La quatrième semaine on fouille des trous dans ces terres désertées.

NOVEMBRE.

On continue la première semaine l'ouvrage de la précédente ; la seconde semaine on plante deux carrés de manioc et on sarcle. .   *(Manioc planté : 2)*

La troisième semaine on commence à fouiller des trous dans les terres labourées.

La quatrième semaine on sarcle et on s'occupe du fumier.

	Terres préparées.	Manioc planté.	Sucre fabriqué.
	62	20	8000

DÉCEMBRE.

La première semaine on nettoie les canaux et on répare les chemins.

La seconde semaine on achève de fouiller des trous dans les terres labourées.

La troisième semaine est employée aux sarclages et au fumier, de même que la quatrième.

Durant tout le mois précédent, et pendant les deux premières semaines de celui-ci, les bestiaux portent à la rumerie le bois nécessaire pour donner une grande avance, et ils se reposent les deux dernières semaines.

Les ouvriers, depuis la fin de la récolte, sont retournés à leurs chantiers, et s'y sont occupés d'après ce qui a été indiqué dans le cours de cet ouvrage.

Comme malgré tous les efforts du planteur pour soigner ses possessions et sa récolte, il est malheureusement exposé durant l'ivernage à des événemens qui déjouent sa prudence, je crois indispensable de lui donner un avis qui doit être salutaire à tout agriculteur que l'expérience n'a pas prémuni contre de pareilles circonstances, afin de le porter à prendre les précautions qu'elles nécessitent.

A l'approche de cette saison périlleuse, il doit réparer avec la plus grande exactitude ses bâtimens, renforcer les portes et fenêtres par de bonnes traverses qui les assujettissent au mur ou aux poteaux intérieurement, et les appuyer extérieurement avec des pièces de bois reposant sur la terre. Ses effets les plus précieux doivent être mis en sureté dans le lieu le plus solide. Il doit faire nettoyer toutes les rigolles destinées à recevoir les eaux, afin qu'elles ne puissent déborder dans les chemins ou dans les champs, ce qui y occasionneroit les plus grands dégâts; chaque habitation doit être munie d'un parc très-vaste, clos d'une haie vive et absolument isolé, dans lequel on chasse le bétail quand on craint un ouragan; mais il faut que ce parc soit dans une position qui le mette à l'abri d'être inondé. Le planteur doit se munir de vivres, de planches, essentes, etc., de tous objets qui deviennent aussi dispendieux que rares après un ouragan, et qui sont cependant d'un usage indispensable.

Quand on voit les apparences de l'ouragan se manifester, il faut retirer l'eau des canaux servant aux manufactures, et fermer tellement leur embouchure, qu'elle ne puisse s'y introduire pendant les débordemens qui sont la suite de ce fléau destructeur. Le Planteur doit avoir un lieu de refuge pour les vieillards, les négresses et les enfans de son atelier, et les y faire entrer avant que le vent ne commence, après l'avoir muni de vivres. Les effets des esclaves doivent aussi se déposer dans la purgerie; car j'ai vu, après un ouragan, ces malheureux tous nuds, ayant perdu tout ce qu'ils possédoient et réduits au désespoir. Si le maître n'aide pas leur prévoyance, il en sera toujours de même.

Au moyen de ces précautions, les risques sont moins grands, mais ils sont encore suffisans pour épouvanter l'homme le plus ferme lorsqu'il les a essuyés. J'ai recommandé strictement au planteur d'achever sa récolte au commencement d'août, ce que je renouvelle ici. Quoique l'ivernage commence en juillet, ce n'est qu'à dater de la lune d'août qu'on doit avoir de grandes appréhensions. On peut essuyer des bourasques plutôt : mais je n'ai pas ouï dire qu'on eût ressenti d'ouragan avant cette époque, et ce fléau se faisant ressentir lorsque la récolte sera achevée, les dégâts qu'il occasionne ne sont pas aussi considérables. En qu'elle position qu'on soit à l'époque d'un ouragan, on ne doit pas s'amuser à soigner les cannes qui l'ont essuyé dès qu'elles ont atteint l'âge de huit mois, mais au contraire, les couper de suite, roulant à deux équipages, sans planter, jusqu'à ce qu'elles soient fabriquées en entier ; car plus vous leur donneriez de l'âge après la secousse qu'elles ont essuyée, de plus foible seroit leur produit ; d'ailleurs les rejetons bien soignés donnent plus de sucre qu'on n'en eût obtenu des cannes à l'âge ordinaire, et les coupant de suite, n'importe à quel âge, passé huit mois elles ajouteront à ce produit. L'ouragan fini, il faut réparer ses bâtimens, ainsi que les cases à nègres, fabriquer le manioc susceptible d'être récolté, en replanter à mesure pour profiter du bois, et réparer de même les plantations de vos esclaves. Cette opération, la plus essentielle, étant achevée, roulez sans discontinuer, et travaillez bien vos rejetons.

Après ces secousses terribles de la nature, durant lesquelles tous les élémens sont confondus, les vivres sont très-rares, les eaux corrompues par la chûte des feuilles, ou chargées de particules métalliques non moins nuisibles. Si vous n'obviez pas à ces inconvéniens, vos esclaves s'en ressentiront d'une manière cruelle et pour eux et pour vous. Dans de pareilles circonstances, le planteur doit augmenter la ration des vivres qu'il accorde à ses esclaves dans les temps ordinaires, et y en ajouter un de punch journellement pendant un mois, afin de les soustraire de la maligne influence de ces particules métalliques dont s'imprègnent les eaux à la suite des ouragans.

www.ingramcontent.com/pod-product-compliance
Ingram Content Group UK Ltd.
Pitfield, Milton Keynes, MK11 3LW, UK
UKHW021737090726

13657UKWH00002B/763